Das Zahlenbuch

von

Albert Berger
Ute Birnstengel-Höft
Marlene Fischer
Marlies Hoffmann
Maria Jüttemeier
Ute Müller
Gerhard N. Müller
Erich Ch. Wittmann

Ausgabe für Baden-Württemberg
bearbeitet von

Hans-Dieter Gerster
Gerhard N. Müller
Erich Ch. Wittmann

Mathematik im 4. Schuljahr

Ernst Klett Grundschulverlag
Leipzig Stuttgart Düsseldorf

Immer größer, immer mal zehn

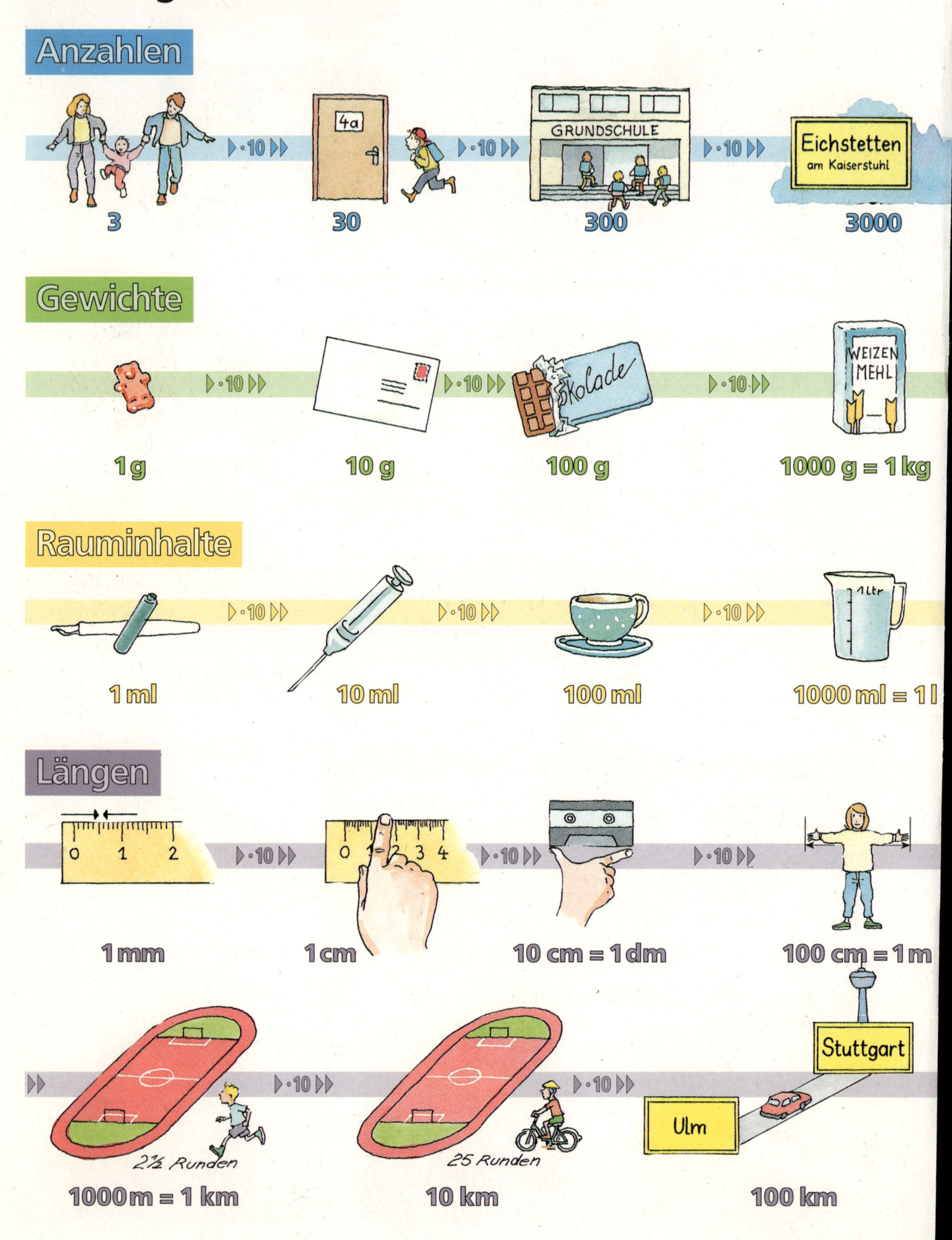

Anzahlen

3 ▷·10▷▷ 30 ▷·10▷▷ 300 ▷·10▷▷ 3000

Gewichte

1 g ▷·10▷▷ 10 g ▷·10▷▷ 100 g ▷·10▷▷ 1000 g = 1 kg

Rauminhalte

1 ml ▷·10▷▷ 10 ml ▷·10▷▷ 100 ml ▷·10▷▷ 1000 ml = 1 l

Längen

1 mm ▷·10▷▷ 1 cm ▷·10▷▷ 10 cm = 1 dm ▷·10▷▷ 100 cm = 1 m

2½ Runden — 1000 m = 1 km ▷·10▷▷ 25 Runden — 10 km ▷·10▷▷ 100 km (Stuttgart – Ulm)

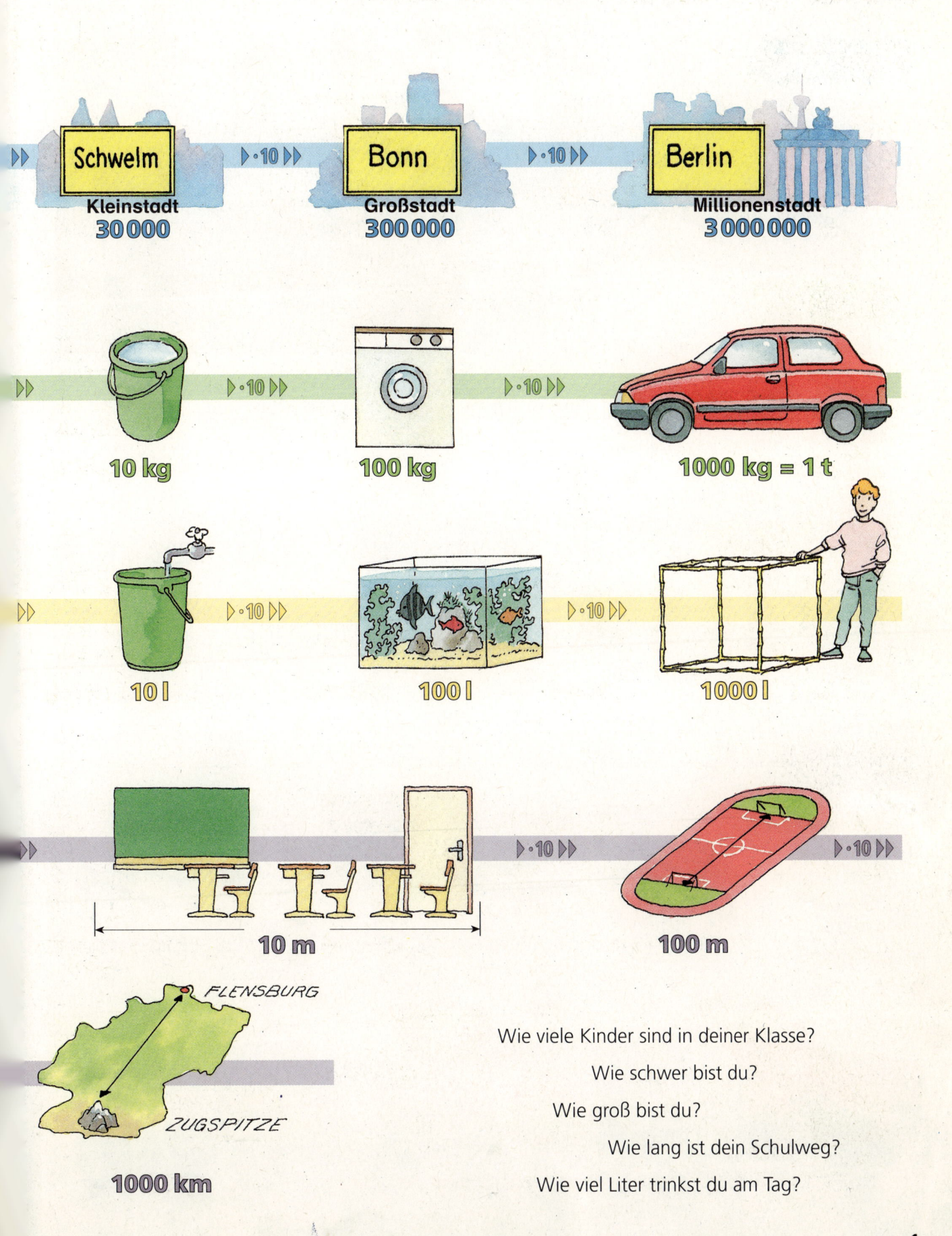

Schwelm	·10	Bonn	·10	Berlin	
Kleinstadt		**Großstadt**		**Millionenstadt**	
30 000		300 000		3 000 000	

10 kg · 10 → 100 kg · 10 → 1000 kg = 1 t

10 l · 10 → 100 l · 10 → 1000 l

10 m · 10 → 100 m · 10 →

1000 km (FLENSBURG – ZUGSPITZE)

Wie viele Kinder sind in deiner Klasse?

Wie schwer bist du?

Wie groß bist du?

Wie lang ist dein Schulweg?

Wie viel Liter trinkst du am Tag?

Übersicht über die Größenbereiche zum Nachschlagen.

Kopenhagen: Die Kleine Meerjungfrau

In Dänemark rechnen die Kinder so:

1 a.

tal	100	325	450	575	850
tal + 125	225				

b.

tal	350	500	750	900	950
tal − 250	100				

2. Regn og kontroller.

a. 593   880
   + 287   − 287
   ─────   ─────
    880   593

b. 289   721
   + 432   − 432
   ─────   ─────

c. 356
   + 416   − 416
   ─────   ─────

d. 674
   + 297   − 297
   ─────   ─────

3. Kan du regne det?

a. 534   273   342   199   213   b. 308   477   217   176   456
   + 283   + 183   + 215   + 288   + 182   + 207   + 219   + 354   + 613   + 56
   + 107   + 237   + 423   + 377   + 357   + 505   + 129   + 402   + 94   + 654
   ───── ───── ───── ───── ─────   ───── ───── ───── ───── ─────

4. søtunge   rødspætte   ål   kabliau   helleflynder

   1,402 kg   0,835 kg   3,750 kg   6,275 kg   28,682 kg

Forvandl:

1,402 kg = 1402 g

1	5	10	15	20
en	fem	ti	femten	tyve

2

In Ungarn rechnen die Kinder so:

Budapest: Das Parlament

1. Folytasd!

a. △ —+50→ ○ —+50→ □

604	654	704
723		
816		
910		

b. △ —−25→ ○ —+75→ □

185	160	
225		
345		
690		

c. △ —−100→ ○ —−50→ □

280		
320		
360		
450		

d. △ —+250→ ○ —−150→ □

560		
680		
720		
810		

2a.   9 · 6   54 : 6   54 : 9   **b.**   8 · 9   72 : 9   72 : 8
         90 · 6   540 : 6   540 : 90   80 · 9   720 : 9   720 : 80
        900 · 6   5 400 : 6   5 400 : 900   800 · 9   7 200 : 9   7 200 : 800

3a.   359   462   564   **b.**   488   853   792
        + 128   + 228   + 372   − 315   − 378   − 429
        ─────   ─────   ─────   ─────   ─────   ─────
        487 ≈ 500   ≈   ≈   ≈   ≈   ≈

4a. 489 + 503 ≈ 1000   **b.** 396 + 405 ≈ ......   **c.** 697 + 292 ≈ ......   **d.** 204 + 688 ≈ ......

5.  autobusz

7.02	7.14	7.26							

1	5	10	15	20
egy	öt	tiz	tizenöt	husz

Einführung des Ungefähr-Zeichens (≈) für den Überschlag.

Naturschutz im Münsterland

An der Grenze zu Holland liegt bei Vreden das Naturschutzgebiet Ellewicker Feld. Dort gibt es Wiesen mit kleinen Seen und Tümpeln. Viele Vögel, Amphibien und Insekten leben in den Feuchtwiesen.
Seit 1980 düngen die Bauern im Schutzgebiet nur wenig und treiben das Vieh seltener auf die Weide. In der Brutzeit vom 1. März bis zum 1. Juli dürfen die Wiesen nicht mit Maschinen befahren und nicht gemäht werden.
In der Nähe des Ellewicker Feldes liegt ein anderes Feuchtgebiet ohne Naturschutz, das Crosewicker Feld.

Jährliche Anzahl der Brutpaare
- Bekassine
- Uferschnepfe
- Großer Brachvogel

Ellewicker Feld *mit Naturschutz*

Crosewicker Feld *ohne Naturschutz*

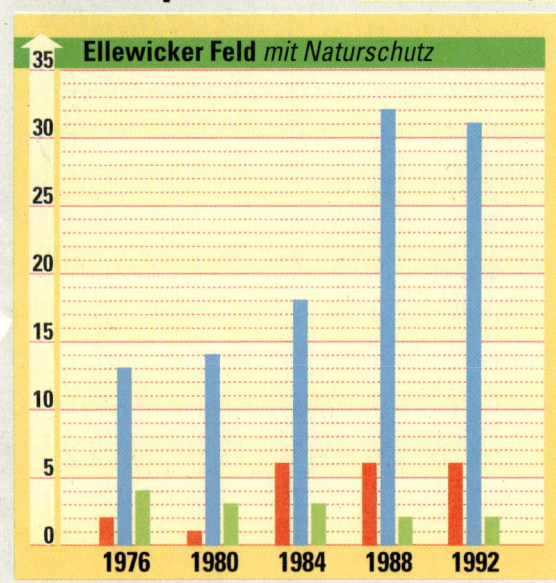

Großer Brachvogel

Uferschnepfe

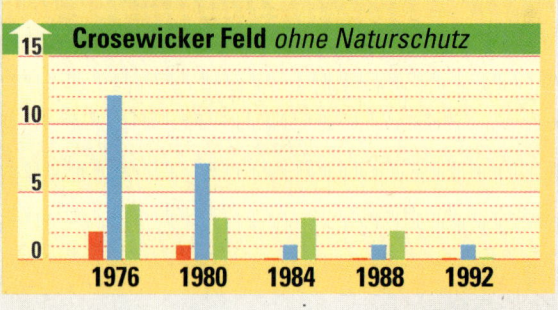

Bekassine

1 a. Lies die Anzahl der Brutpaare aus den Schaubildern ab.
b. Lege für die Uferschnepfe Tabellen an.

Uferschnepfe Ellewicker Feld					
Jahr	1976	1980			
Brutpaare	13	14			

2. Begründe an den Schaubildern, dass Naturschutz den Tieren hilft.

1 a. Addiere immer 250, subtrahiere 250.

375 + 250 = ____
375 − 250 = ____

Rechne ebenso mit 520, 625, 675, 725, 1000.

b. Addiere immer 420, subtrahiere 80.

205 + 420 = ____
205 − 80 = ____

Rechne ebenso mit 350, 475, 555, 866, 1000.

2. Hüpf im Päckchen!

a. 218 + 22 = **240**	b. 398 − 120 = ____	c. 815 + 105 = ____	d. 990 − 130 = ____	e. 225 + 160 = ____
390 − 170 = ____	278 + 130 = ____	940 − 750 = ____	760 + 130 = ____	680 + 150 = ____
220 + 88 = ____	388 − 150 = ____	210 + 625 = ____	860 − 125 = ____	830 + 120 = ____
240 − 140 = ____	258 + 130 = ____	920 − 710 = ____	735 + 150 = ____	385 + 295 = ____
100 + 290 = ____	408 − 150 = ____	835 + 105 = ____	885 − 125 = ____	950 + 50 = ____
Ziel ▶ 308	Ziel ▶ 238	Ziel ▶ 190	Ziel ▶ 890	Ziel ▶ 1000

3. Bilde Aufgaben im Zehnerpack.

a. 201 + 500
211 + 490
221 + 480
....
291 + 410

b. 900 − 2
890 − 12
880 − 22
....
810 − 92

4. Immer 1000

a. 320 + 680
322 + ____
325 + ____
345 + ____
445 + ____

b. 740 + ____
741 + ____
749 + ____
769 + ____
969 + ____

c. 580 + ____
582 + ____
588 + ____
558 + ____
508 + ____

5 a.

Zahl	125	240	280	320	490
das Doppelte					

b.

Zahl	120	480	520	660	840
die Hälfte					

6. Wie berechnet man die untere Zahl aus der oberen Zahl?

a.

1	2	10	14	30	31	30	31
0	1	9	13			29	

b.

1	5	17	68	73	89
	6	10	22	73	

7. ⓪①②③④⑤⑥⑦⑧⑨

a. Wähle drei Ziffern.
Bilde daraus eine dreistellige Zahl und ihre Umkehrzahl.
Berechne die Differenz.
Bilde wieder die Umkehrzahl und addiere.

b. Wähle drei andere Ziffern aus und rechne ebenso.

c. Vergleiche die Rechnungen. Beschreibe, was dir auffällt.

```
  624      832
− 426    − 238
  ¹ ¹
  198
+ 891
     ¹
 1089
```

8. Eine Lehrerin und 7 Kinder besteigen zusammen den Turm des Kölner Doms. Es sind 512 Stufen. Wie viele Stufen muss jede Person steigen?

Ziffernkarten als Kopiervorlage.

Aus Sicherheitsgründen wird ein Drahtseil aus vielen Drähten zusammengedreht.

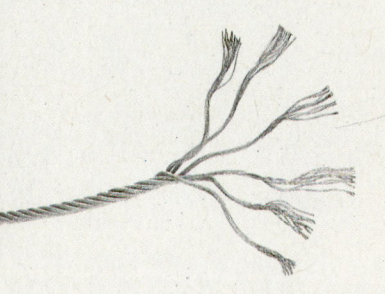

1. Drahtseil-Querschnitt:

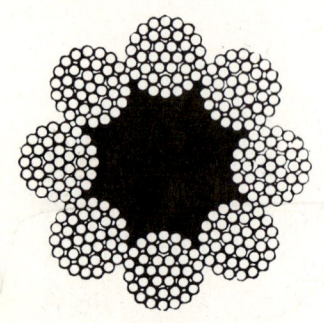

Dieses Drahtseil besteht aus 8 Litzen mit je 37 Drähten und einer Fasereinlage in der Mitte.

Aus wie vielen einzelnen Drähten besteht das Drahtseil?

Marijke rechnet mit dem Malkreuz:

·	30	7
8		

Bekir rechnet schrittweise:

8 · 37 = 240 + 56 = ...
8 · 30
8 · 7

Marilena rechnet kurz:

8 · 37 = 240 + ... = ...

2 a. Rechne mit deinem Rechenweg.

8 · 19   19 · 7   6 · 25   6 · 19   6 · 7   18 · 7

b. Welche Malaufgabe gehört zu welchem Drahtseil? Schau genau!

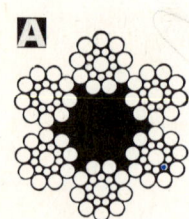

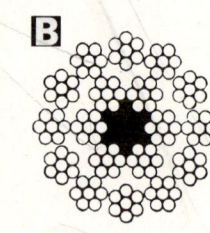

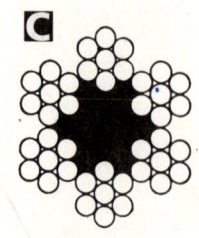

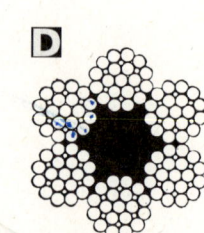

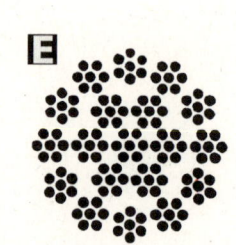

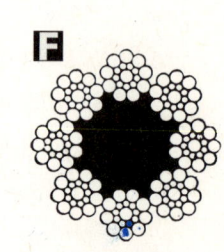

A   **B**   **C**   **D**   **E**   **F**

Trimm dich
2·50 10·50 5·50 2·40 10·40 5·40 2·80 10·80 5·80 10·100
2·60 10·60 5·60 2·90 10·90 5·90 2·70 10·70 5·70 7·50
Trimm dich

6

Verschiedene Rechenwege bei der Multiplikation besprechen.

1. Rechne und schreibe deinen Rechenweg auf. Mache die Probe.

a. 981 : 4
 981 : 3
 981 : 2
 981 : 5
 981 : 6

Pia rechnet:

981 : 4 = 245 Rest 1
800 : 4 = 200
R 181
160 : 4 = 40
R   21
 20 : 4 =   5
R   1

Probe:

·	200	40	5
4	800	160	20

800 + 160 + 20 = 980

980 + 1 = 981

Jan rechnet kurz:

981 : 4 = 245 Rest 1
800 : 4 = 200
160 : 4 = 40
 20 : 4 =   5
          1

Probe:
245 · 4 = 980
200 · 4 = 800
 40 · 4 = 160
  5 · 4 = 20

980 + 1 = 981

b. 672 : 2	c. 475 : 5	d. 252 : 4	e. 693 : 9	f. 738 : 6	g. 178 : 2
672 : 3	575 : 5	378 : 6	594 : 9	984 : 8	392 : 4
672 : 4	675 : 5	441 : 7	385 : 7	702 : 3	380 : 5
672 : 6	775 : 5	567 : 9	308 : 7	936 : 4	402 : 6
672 : 8	875 : 5	504 : 8	297 : 9	468 : 2	696 : 8

2. Wie hängen die Aufgaben zusammen? Beginne mit der leichtesten.

a. 560 : 8	b. 490 : 7	c. 135 : 5
56 : 8	504 : 7	270 : 10
280 : 8	252 : 7	540 : 20

3. Teilen mit und ohne Rest.

a. 144 : 2	b. 875 : 2	c. 666 : 2
144 : 3	875 : 3	666 : 3
.....	.....	.....
144 : 9	875 : 9	666 : 9

4. ⃞1 ⃞2 ⃞3 ⃞4 ⃞5 ⃞6 ⃞7 ⃞8 ⃞9

Bilde aus den Ziffern drei dreistellige Zahlen und addiere sie. Teile die Summe jeweils durch 9. Was fällt dir auf?

```
  327          248
+ 185        + 569
+ 469        + 137
-----        -----
  981          954
```

5. „Ziffernwechsel"

⃞1 ⃞2 ⃞3 ⃞4 ⃞5 ⃞6 ⃞7 ⃞8 ⃞9

a. Wähle drei Ziffern, bilde Malaufgaben und rechne.

b. Wähle drei Ziffern, bilde Durchaufgaben und rechne.

a. 36 · 7	67 · 3	37 · 6
63 · 7	76 · 3	73 · 6

b. 14 : 7	17 : 4	47 : 1
41 : 7	71 : 4	74 : 1

Verschiedene Rechenwege bei der Division besprechen.
Ziffernkarten als Kopiervorlage.

Rechnen mit dem Rechenbaum

1. Zeichne die Rechenbäume in dein Heft.
Rechne immer von oben nach unten.

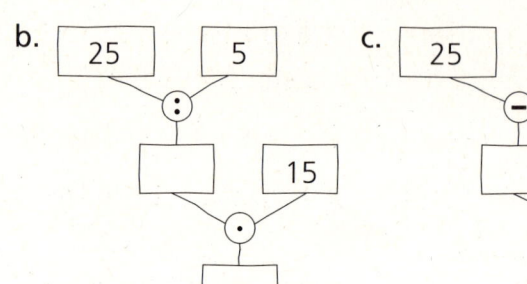

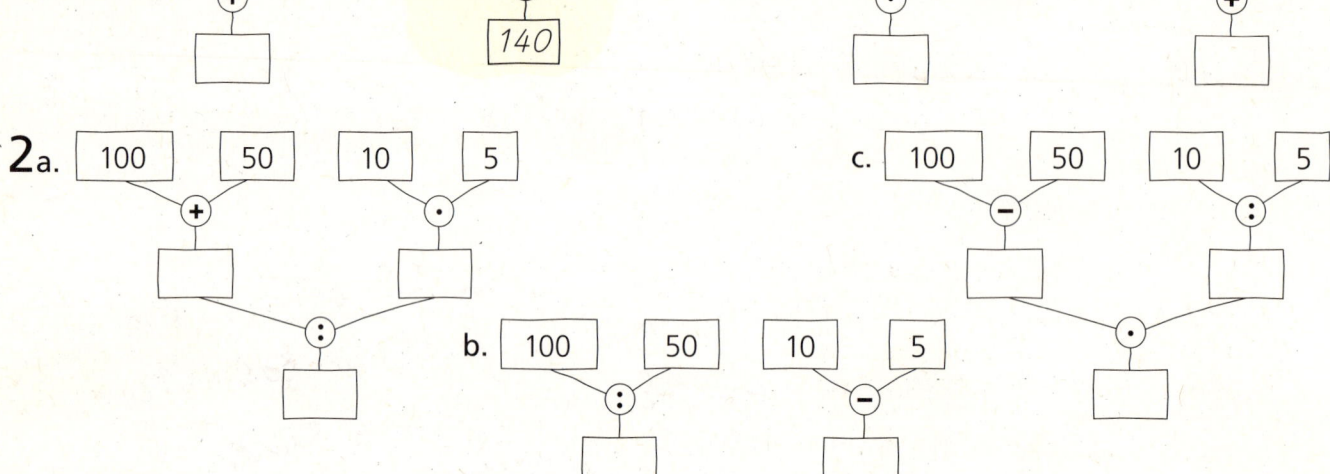

a. 25 · 5 = ☐, ☐ + 15 = ☐   (Beispiel: 25 · 5 = 125, 125 + 15 = 140)

b. 25 : 5 = ☐, ☐ · 15 = ☐

c. 25 − 5 = ☐, ☐ + 15 = ☐

2.
a. (100 + 50) : (10 · 5)

b. (100 : 50) · (10 − 5)

c. (100 − 50) · (10 : 5)

3. Wenn du möchtest, mache Nebenrechnungen.

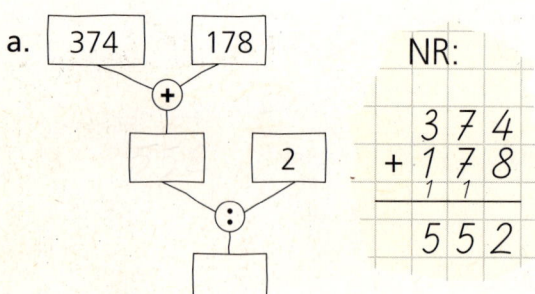

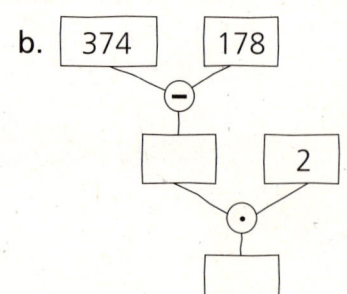

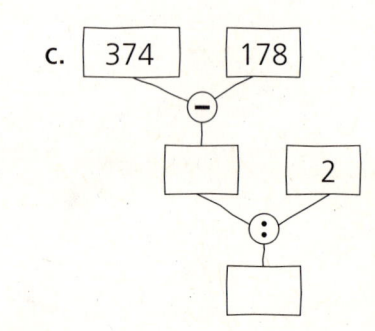

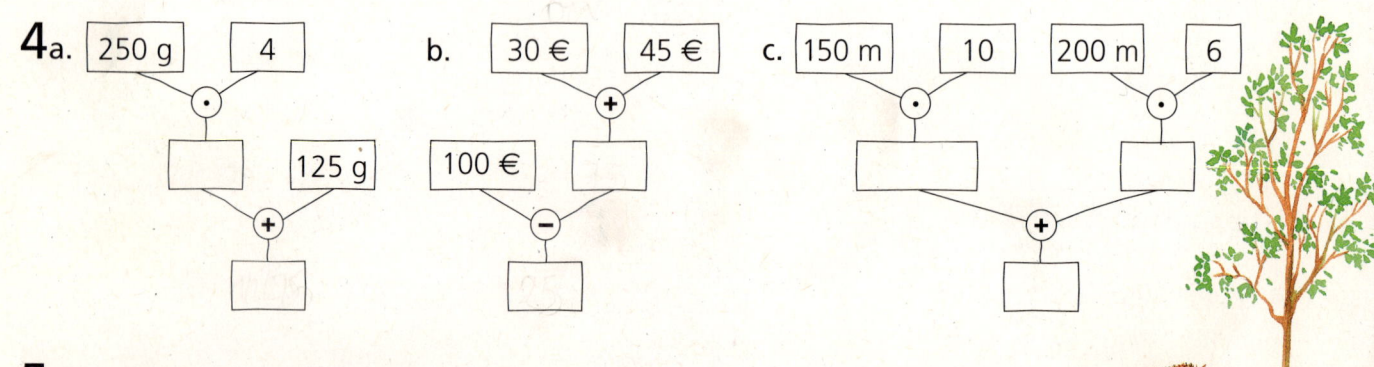

a. (374 + 178) : 2

NR:
```
  374
+ 178
 11
  552
```

b. (374 − 178) · 2

c. (374 − 178) : 2

4.
a. 250 g · 4, ☐ + 125 g

b. 30 € + 45 €, ☐ − 100 €

c. 150 m · 10, 200 m · 6, ☐ + ☐

5. a. Denke dir selbst Rechenbäume aus.
b. Denke dir einen Rechenbaum aus mit dem Endergebnis 1000.

Sachaufgaben erfinden

Kinder haben Sachaufgaben erfunden und Fragen dazu gestellt.
Welche Sachaufgaben passen jeweils zu den Rechenbäumen?
Welche Fragen kannst du damit beantworten?

A 360 : 6

B 11 · 30

C 360 · 6

D 15 − 11

E 140 · 2

1.) Ein Bäcker formt aus seinem Teig jeden Tag 360 Brote und backt sie in seinem Backofen. Wie viele Brote backt er in einer Woche?

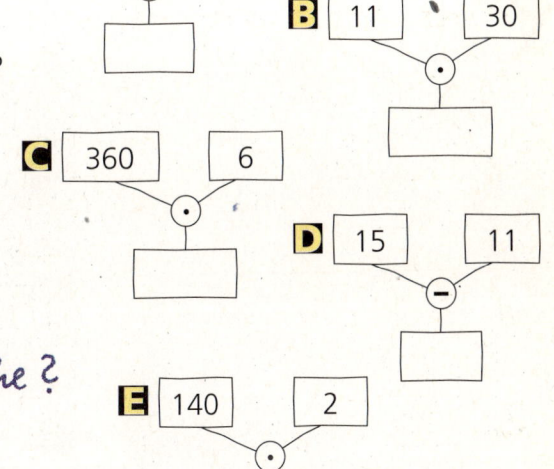

2. Eine Freundin hat Geburtstag. Sie bekommt von ihrem Freund eine Tonkassette mit Tanzmusik. Sie kostet 11 Euro. Er bezahlt mit einem 10 Euro- und 5 Euro-Schein. Wie viel Geld bekommt er zurück? Welche Musik ist auf der Kassette zu hören?

3) Ein ~~Fernfahrer~~ fährt einen LKW mit 110 PS. Zuhause fährt er einen PKW mit nur 55 PS. Dieser fährt 140 km in der Stunde als Höchstgeschwindigkeit. Wie schnell kann der PKW fahren? Wie schnell darf der LKW fahren?

Nr. 4 6 Lottospieler gewinnen 360 Euro. Wie viel Geld bekommt jeder? Was machen sie mit ihrem Geld?

5. Eine Lehrerin muss für ihre Klasse Sprachbücher kaufen. Ein Buch kostet 11 Euro. In der Klasse sind 14 Jungen und 16 Mädchen. Wie viel Euro kosten die Bücher?

Sachaufgaben lösen und den Rechenbäumen zuordnen.
Selbst Sachaufgaben mit Rechenbäumen erfinden.

Autobahnen in Deutschland

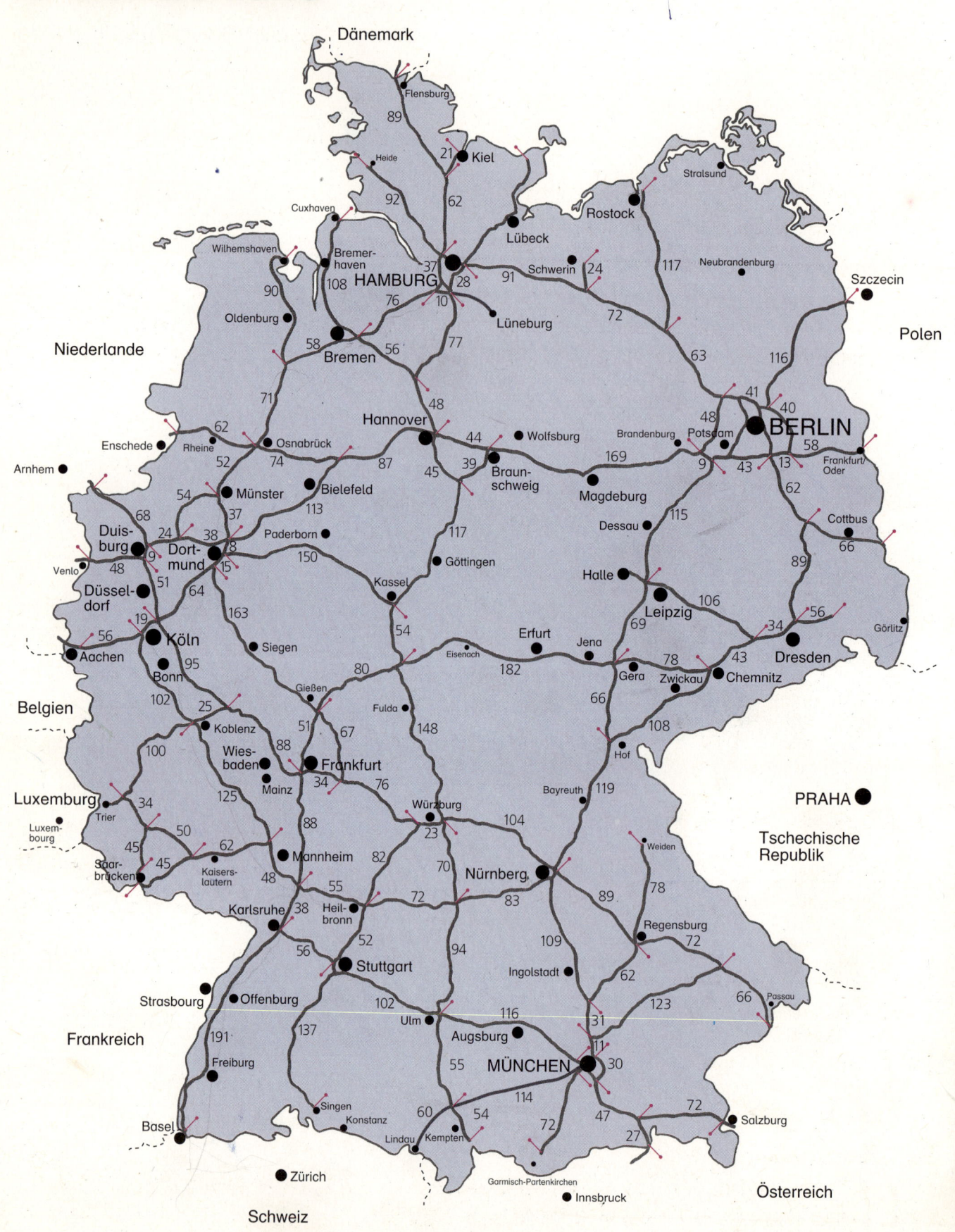

Dänemark

Flensburg 89
Heide — Kiel 21
92 — 62
Cuxhaven
Wilhemshaven — Bremerhaven — Lübeck — Rostock — Stralsund
90 — 108 — HAMBURG 37 — 24 — 117 — Neubrandenburg
Oldenburg — 76 — 28 — Schwerin — Szczecin
58 — Bremen 56 — 10 — 91
77 — Lüneburg — 72 — 63 — 116
Niederlande — 71 — 48 — Hannover — 44 — Wolfsburg — Brandenburg — 48 — 41 — 40 BERLIN
Enschede — 62 — Rheine — Osnabrück — 87 — 45 — 39 — Braunschweig — Magdeburg — 169 — Potsdam — 9 — 43 — 13 — 58
Arnhem — 52 — 74 — Bielefeld — Frankfurt/Oder
54 — Münster — 113 — 117 — Dessau — 115 — 62
Duisburg 68 — 24 — 38 — 37 — Paderborn — Halle — Cottbus
9 — Dortmund 8 — 150 — Göttingen — 106 — 66
Venlo — 48 — 15 — Kassel — Leipzig — 56
Düsseldorf 51 — 64 — 163 — 54 — Erfurt — Jena — 69 — 34 — Görlitz
19 — Köln — Siegen — Eisenach — 182 — Gera — 78 — 43 Dresden
Aachen 56 — 95 — 80 — 66 — Zwickau Chemnitz
Bonn — Gießen — Fulda — 108
102 — 25 — 51 — 67 — 148 — Hof
Belgien — Koblenz — Wiesbaden 88 — Bayreuth — 119
100 — Frankfurt
Luxemburg — 34 — Mainz 34 — 76 — PRAHA
Luxembourg — Trier — 125 — Würzburg — 104 — Weiden — Tschechische Republik
45 — 50 — 62 — 88 — 23 — Nürnberg — 78
Saarbrücken 45 — Kaiserslautern — Mannheim 82 — 70 — 83 — 89 — Regensburg
48 — 55 — 72 — 109 — 72
Karlsruhe 38 — Heilbronn — 94 — Ingolstadt — 62 — Passau
52 — 123 — 66
56 — Stuttgart — 116 — 31
Strasbourg — Offenburg — 102 — Ulm — Augsburg — 11 — 30
Frankreich — 191 — 137 — 55 — MÜNCHEN — 72 — Salzburg
Freiburg — 114 — 47 — 27
Basel — Singen — 60 — 54 — 72
Konstanz — Lindau — Kempten
Zürich — Garmisch-Partenkirchen — Innsbruck
Schweiz — Österreich

10 — Eventuell fehlende Kilometerangaben schätzen oder im Autoatlas nachsehen.

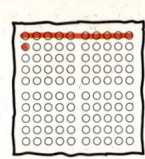

1. Wie viel km sind es von Dortmund nach Leipzig?

Mona rechnet:

Dortmund – Hannover – Potsdam – Leipzig

```
  113 km
   87 km
   44 km
  169 km
    9 km
+ 115 km
─────────
  537 km
```

Osman rechnet:

Dortmund – Kassel – Erfurt – Leipzig

```
  150 km
   54 km
  182 km
+  69 km
```

a. Suche die Wege auf der Karte.
b. Welcher Weg ist kürzer?

2. Wie viel km sind es a. von Karlsruhe nach München, b. von Dresden nach Hamburg,
c. von Leipzig nach Rostock, d. von München nach Frankfurt, e. von Hamburg nach Basel?

3. Erfinde eigene Aufgaben.

4. Auf der Autobahn von Frankfurt nach Basel:

```
      A5
Freiburg    178
Offenburg   112
Karlsruhe    38
```

Auf weiteren Schildern stehen die Kilometerangaben:

Freiburg	172	164	156	148
Offenburg	106	98	90	82
Karlsruhe	32	24	16	8

Berechne jeweils den Unterschied
a. zwischen Freiburg und Offenburg,
b. zwischen Freiburg und Karlsruhe.

5. Berechne die gefahrenen Kilometer.

Zählerstand neu	272	373	427	517	582	737	761	892	894	1 049
Zählerstand alt	117	229	272	373	427	582	517	737	761	894

6. Addiere und subtrahiere.

a. 191 km   191 km
   + 38 km   − 38 km

b. 123 km   123 km
   + 88 km   − 88 km

c. 399 km   399 km
   + 217 km   − 217 km

7. Verwandle in km und m.

a. 1 200 m, 2 000 m, 7 500 m, 10 000 m, 42 200 m. $1200\,m = 1\,km\ 200\,m$
b. 5 · 500 m, 2 · 900 m, 4 · 600 m, 2 · 1 500 m, 9 · 1 111 m.

Karte von Seite 10 benutzen.

Werkzeuge für den Heimwerker

1. Diese Werkzeuge gehören zur Grundausrüstung eines Heimwerkers. Mit diesen Werkzeugen kann er die wichtigsten Reparaturen ausführen.

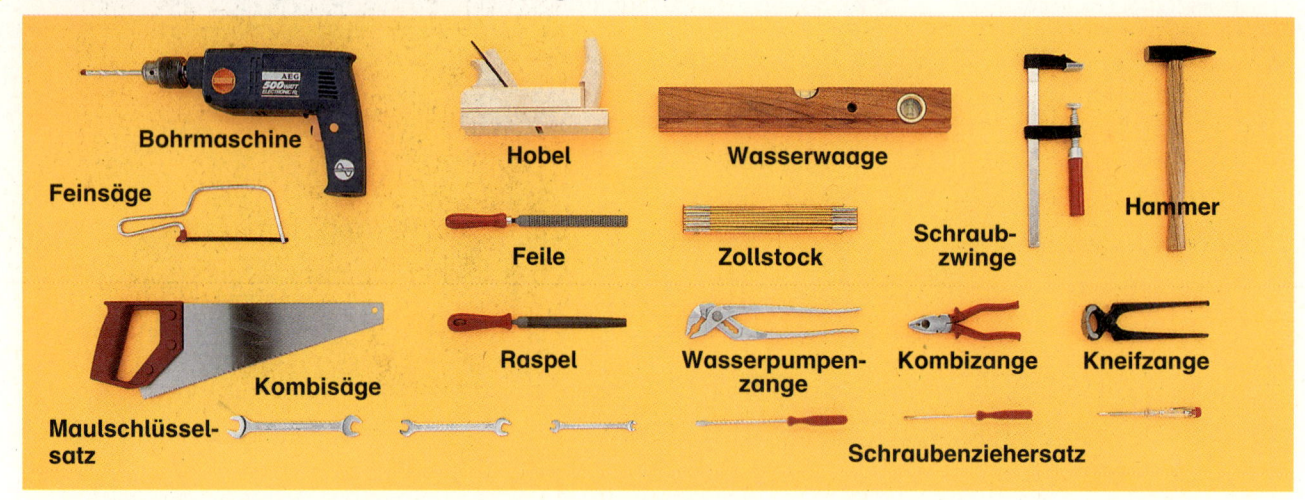

a. Erkundige dich, welche Werkzeuge ihr zu Hause habt.
b. Bringe verschiedene Werkzeuge mit und vergleiche.

2. Preise für Qualitätswerkzeuge in Euro.

Werkzeug	Preis	Werkzeug	Preis
Bohrmaschine	60 bis 140	Kombisäge	14 bis 25
Hobel	25 bis 45	Raspel	9 bis 17
Wasserwaage	9 bis 18	Feile	7 bis 14
Zollstock	2 bis 4	Wasserpumpenzange	15 bis 25
Schraubzwinge	6 bis 13	Kombizange	9 bis 16
Hammer, 100 g	6 bis 14	Kneifzange	8 bis 15
Hammer, 200 g	8 bis 15	Maulschlüsselsatz	12 bis 38
Feinsäge	9 bis 19	Schraubenziehersatz	15 bis 42

a. Berechne den Gesamtpreis für eine billige Ausrüstung.
b. Berechne den Gesamtpreis für eine teure Ausrüstung.

3.

Unser Angebot
1 Hammer (100g)
1 Zollstock
1 Feinsäge
1 Kombizange
1 Feile
1 Teppichmesser
1 Satz Schraubenzieher
1 kleiner Holzbohrer

nur **39,95** Euro

a. Was hältst du von diesem Angebot?
b. Berechne die ungefähren Kosten für die Ausrüstung, wenn du die Werkzeuge einzeln kaufen würdest.

Handwerker im Haus

1. Die Waschmaschine ist defekt. Der Kundendienst muss kommen. Für die Fahrt und die Reparatur braucht der Monteur insgesamt 2 Stunden.
Er berechnet pro Stunde 48 Euro. Hinzu kommen noch die Kosten für die Ersatzteile in Höhe von 134,50 Euro und für die Fahrt in Höhe von 17 Euro.
Wie viel kostet die Reparatur insgesamt?

Yoko überlegt so:

1 Std.	1 Std.	48 + 48 = 96
48	48	

```
Monteur      96,—
Ersatzteile 134,50
  Fahrt      17,—
           247,50
```
Die Reparatur kostet 247,50 €.

Rocco zeichnet einen Rechenbaum:

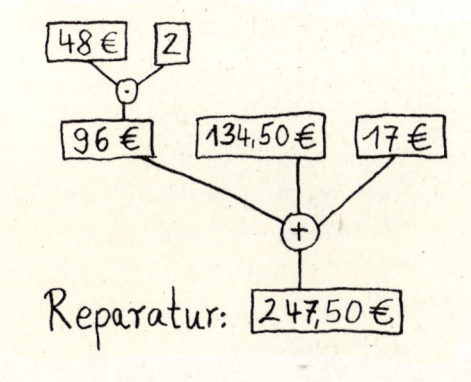

[48 €] [2] → · → [96 €] [134,50 €] [17 €] → + → Reparatur: [247,50 €]

Amos rechnet:
```
    48,00 €
+ 134,50 €
+  17,00 €
  ———————
  199,50 €
```
Reparaturkosten: 199,50 €

a. Wie hat Yoko überlegt? Wie Rocco?
b. Was hat Amos nicht beachtet?
c. Prüfe Yokos Rechnung durch einen Überschlag.

2. Für die Arbeit einer Monteurin berechnet eine Autowerkstatt 44 Euro pro Stunde.
Wie hoch sind die Lohnkosten bei einer Arbeitszeit von $\frac{1}{2}$ Std., $1\frac{1}{2}$ Std., 2 Std., $2\frac{1}{2}$ Std., 3 Std. ?
Lege eine Tabelle an:

Arbeitszeit in Std.	$\frac{1}{2}$	1	$1\frac{1}{2}$	2	$2\frac{1}{2}$	3
Kosten in €		44				

3. Ein Fernsehmonteur repariert ein Gerät von 14.15 Uhr bis 16.45 Uhr.
Pro Arbeitsstunde werden 38 Euro berechnet. Wie viel Arbeitslohn muss die Kundin zahlen?

Sachaufgaben zum Überlegen

1. Eine große rechteckige Terrasse von 6 m Länge und 4 m Breite soll mit Betonplatten ausgelegt werden. Die Platten sind 50 cm lang und 50 cm breit.
Wie viele Platten werden benötigt? Zeichne und rechne.

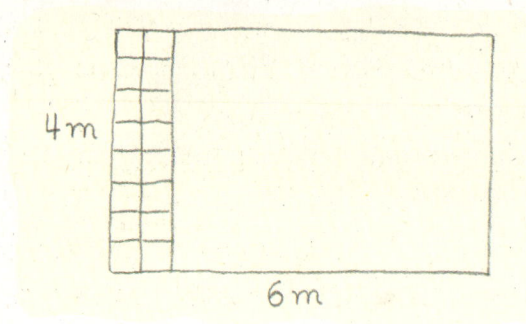

2. Ein rechteckiger Obstgarten, der 570 m lang und 130 m breit ist, soll eingezäunt werden.
Wie viel m Zaun braucht man ungefähr?

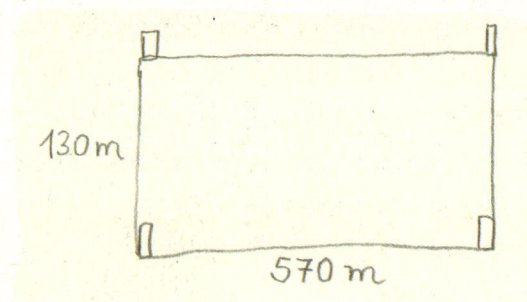

3. Ein Laster kann 640 Kästen Mineralwasser laden.
Wie viele Flaschen sind das?

4. Erster Ferientag 4. Juli — Letzter Ferientag 17. August
Wie viele Tage dauern die Ferien?

5. Eine 35 Jahre alte Lehrerin unterrichtet eine Klasse mit 14 Jungen und 15 Mädchen. Wie alt ist die Lehrerin?

6. Erfinde selbst Sachaufgaben zu folgenden Rechnungen:

a. 20,00 €
   − 7,00 €
   ─────

b. 2,40 € · 4 = _____

c. 82,00 €
    20,00 €
  +235,00 €
  ─────────

d. 74
    81
    63
   +78
   ────

a) Ein Kind geht in den Buchladen, es will ein spannendes Buch kaufen. Das Buch kostet 7 €. Dafür hat das Kind 20 € dem Verkäufer gegeben. Wie viele € bekommt es zurück?

Trimm dich

| 2·20 | 2·200 | 4·200 | 5·20 | 5·200 | 2·500 | 10·20 | 9·2 | 2·90 | 3·60 |
| 2·40 | 2·400 | 3·400 | 5·40 | 4·500 | 5·50 | 20·10 | 2·9 | 9·20 | 6·30 |

| 40:2 | 90:3 | 160:4 | 250:5 | 360:6 | 490:7 | 400:8 | 450:9 | 1000:10 |
| 40:4 | 60:3 | 160:8 | 200:5 | 300:6 | 350:7 | 640:8 | 810:9 | 500:10 |

Zeichnen und überlegen

1. Ein Tisch ist 1,50 m lang und 0,60 m breit. Wenn man die Tischdecke auflegt, so hängt sie an allen Seiten 20 cm über. Wie lang und wie breit ist die Tischdecke? Zeichne zuerst, überlege und rechne.

Sabrina überlegt:

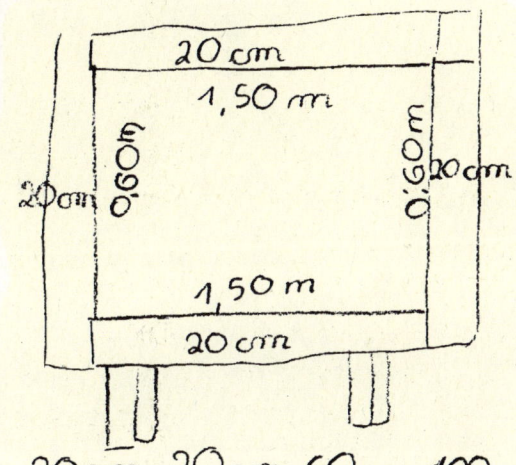

[Skizze: Tisch 1,50 m × 0,60 m mit 20 cm Überhang an allen Seiten]

20 cm + 20 cm + 60 cm = 100 cm
20 cm + 20 cm + 150 cm = 190 cm
Die Tischdecke ist 100 cm breit und 190 cm lang.

Mustafa überlegt:

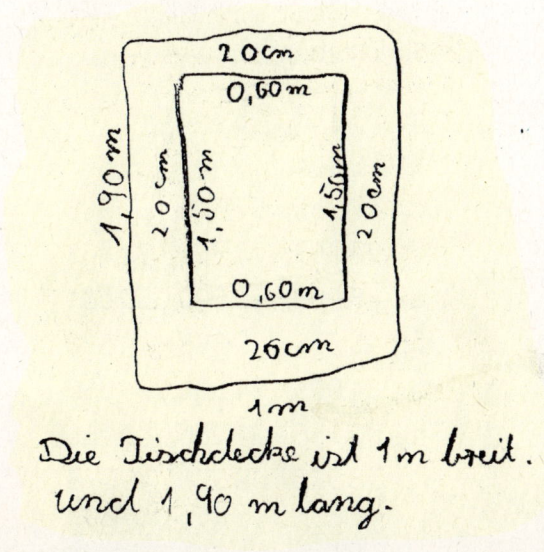

[Skizze: Tischdecke 1,90 m × 1 m mit Tisch 1,50 m × 0,60 m innen und 20 cm Überhang]

Die Tischdecke ist 1 m breit und 1,90 m lang.

Wie überlegst du?

2. Ein rechteckiger Tisch ist 1,20 m lang und 0,70 m breit. Die Tischdecke soll an allen Seiten 25 cm überhängen.
Wie lang und wie breit muss die Tischdecke sein?

3. Ein quadratischer Esstisch ist 0,90 m lang und breit. Die Tischdecke soll an allen Seiten 25 cm überhängen.
Wie lang und wie breit muss sie sein?

4. Ein Bett ist 2 m lang und 1 m breit. Nur an den beiden langen Seiten soll die Bettdecke 40 cm überhängen.
Wie lang und wie breit muss sie sein?

5. Eine Tischdecke ist 2 m lang und 1,20 m breit. Sie soll auf einen rechteckigen Tisch von 1,40 m Länge und 0,70 m Breite. Wie weit hängt sie über? Zeichne zuerst.

6. Mutter möchte eine Tischdecke, die 1 m breit und 1,90 m lang ist, mit einem roten Band einfassen.
Wie viel m rotes Band muss sie einkaufen?

7. Verwandle in m.
  a. 150 cm, 165 cm, 350 cm, 899 cm.

$\boxed{150 \text{ cm} = 1,50 \text{ m}}$

  b. 2 · 250 cm, 3 · 110 cm, 5 · 111 cm.
  c. 70 cm + 120 cm, 235 cm + 72 cm, 199 cm + 199 cm, 201 cm + 50 cm.

Das Millionbuch

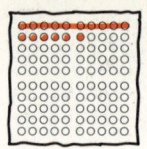

Das Millionbuch hat 1000 Tausenderbücher.
Auf jeder Seite liegen 100 Tausenderbücher. In jeder Zeile liegen 10 Tausenderbücher.
Auf jedem Feld liegt 1 Tausenderbuch.

Jede Zahl von 1 bis 1 000 000 hat im Millionbuch ihren bestimmten Platz.

58 654 im Millionbuch

58 volle Tausender, *654* im angefangenen Tausender
58 tausend *654*

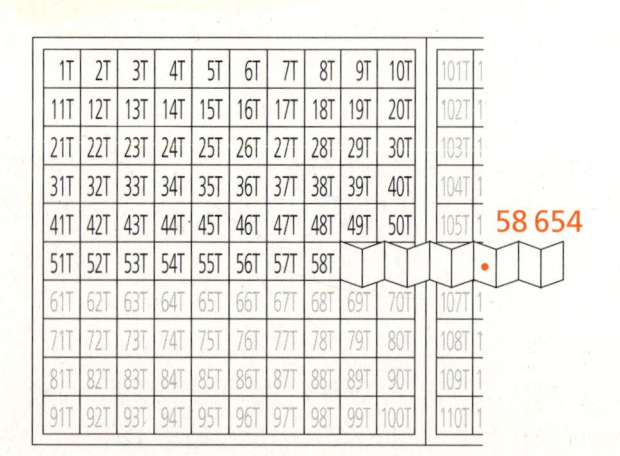

Sprich ebenso:

a. 5 763,   5 764,   5 765
b. 29 445, 19 445,   9 445
c. 47 305, 57 305, 67 305
d. 72 263, 72 363, 72 463
e. 48 999, 50 000, 50 001
f. 16 538,   6 538,   538
g. 84 005, 84 500, 84 050
h. 90 156, 91 056,   9 156
i. 8 578, 48 578, 40 578
j. 77 920, 77 921, 97 922
k.   67,   2 067, 52 067
l. 24 631, 42 631, 42 613

Mündliche Übungen zur Orientierung im Millionbuch.

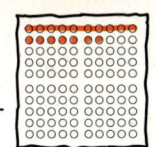

1. 166 479 im Millionbuch

166 volle Tausender, 479 im angefangenen Tausender
166 tausend 479

Sprich ebenso.

a. 204 380	b. 198 301	c. 540 000	d. 7 815	e. 300 463	f. 23 730	g. 9 999
24 380	298 301	504 000	78 150	304 063	230 730	99 999
240 380	398 301	500 400	781 500	340 063	203 730	999 999

2. Zähle in Schritten bis 10 000.

    a. 1 000, 2 000, ..., 10 000   c. 2 500, 5 000, ..., 10 000
    b. 2 000, 4 000, ..., 10 000   d. 9 100, 9 200, ..., 10 000

3. Zähle in Schritten bis 1 000 000.

    a. 100 000, 200 000, ..., 1 000 000   c. 250 000, 500 000, ..., 1 000 000
    b. 200 000, 400 000, ..., 1 000 000   d. 910 000, 920 000, ..., 1 000 000

4. Zähle weiter.

    a. 1 000, 3 000, 5 000, ..., 15 000   b. 10 000, 10 500, 11 000, ..., 15 000
        51 000, 53 000, 55 000, ..., 65 000   23 100, 23 200, 23 300, ..., 24 000
        75 000, 80 000, 85 000, ..., 120 000   450 000, 450 200, 450 400, ..., 451 400
        340 000, 345 000, 350 000, ..., 385 000   999 900, 999 910, 999 920, ..., 1 000 000

5. Immer 1 000 000

    a. 500 000 + 500 000   b. 190 000 + 810 000   c. 255 000 + ...   d. 900 000 + ...
        600 000 + ...   730 000 + ...   367 000 + ...   910 000 + ...
        800 000 + ...   550 000 + ...   479 000 + ...   591 000 + ...

6. Ergänze zum nächsten Tausender.

    a. 855 + ... = 1 000   b. 693   c. 789   d. 319   e. 243   f. 7
        38 855 + ... = 39 000   24 693   29 789   112 319   499 243   398 007

Große Zahlen darstellen

1. Die fünfzehn größten Städte und ihre Einwohnerzahlen

				Köln	963 817
		Essen	617 955	Leipzig	481 121
Berlin	3 472 009	Düsseldorf 572 638	Frankfurt	652 412	München	1 244 676
Bremen	549 182	Duisburg 536 106	Hamburg	1 705 872	Nürnberg	495 845
Dortmund	600 918	Dresden 474 443	Hannover	525 763	Stuttgart	588 482

a. Lies die Zahlen.
b. Ordne die Städte nach der Größe, verwende dabei die Autokennzeichen:
   B, HB, DO, D, DU, DD, E, F, HH, H, K, L, M, N, S.
c. Erkundige dich: Wie viele Einwohner hat der Ort, in dem du wohnst?

2. Millimeterpapier kann man in jedem Schreibwarengeschäft kaufen. Auf dem Papier sind viele kleine Millimeterquadrate aufgezeichnet.

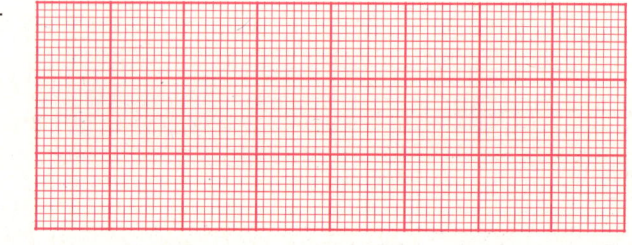

Ein Zentimeterquadrat sieht aus wie ein kleines Hunderterfeld.
Es besteht aus 100 Millimeterquadraten.

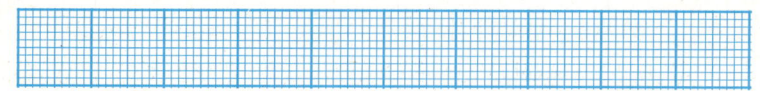

10 Zentimeterquadrate erinnern an das Tausenderbuch.
Der 10 cm lange Streifen besteht aus 1000 Millimeterquadraten.

Wie viele Millimeterquadrate hat das rote Millimeterpapier?

3. Überlege und zähle geschickt.
   a. Wie viele Millimeterquadrate hat ein Dezimeterquadrat?
   b. Wie viele Millimeterquadrate sind auf einem DIN-A4-Blatt Millimeterpapier?
   c. Wie viele Blätter Millimeterpapier benötigst du, um die Zahl 1 000 000 in Millimeterquadraten darzustellen?

4. Stelle die Anzahlen auf Millimeterpapier dar, färbe für jede Person ein Millimeterquadrat:
   a. alle Kinder deiner Klasse,   b. alle Kinder deiner Schule,   c. alle Einwohner deines Ortes.

Trimm dich

720 : 8   800 : 8   630 : 7   560 : 8   540 : 6   480 : 6   420 : 7   490 : 7   240 : 8
720 : 9   900 : 9   630 : 9   560 : 7   540 : 9   480 : 8   420 : 6   360 : 6   240 : 6

0 · 0   20 · 20   40 · 40   60 · 60   80 · 80   100 · 10   10 · 1000   0 · 100   5 · 50
10 · 10 30 · 30   50 · 50   70 · 70   90 · 90   1000 · 1   100 · 100   1000 · 0 5 · 500

Trimm dich

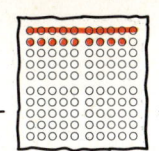

1. Stelle dir vor, du wärst Millionär und hättest deine Million in gleichen Geldscheinen vor dir liegen.

a. Wie viele   500-Euro-Scheine,
b. wie viele   100-Euro-Scheine,
c. wie viele   200-Euro-Scheine,
d. wie viele   10-Euro-Scheine,
e. wie viele   5-Euro-Scheine wären es jeweils?

2a. Eine Million wird an zwei Gewinner verteilt. Wie viel Geld erhält jeder?
b. Verteile an 4 Gewinner.   c. Verteile an 5 Gewinner.   d. Verteile an 8 Gewinner.

3. Vergleiche. < oder = oder > ?

a.	b.	c.	d.
37 512 < 37 521	168 319 ■ 168 913	56 723 ■ 560 723	104 357 ■ 104 057
49 637 ■ 94 637	245 503 ■ 245 350	483 219 ■ 48 321	948 206 ■ 948 260
81 451 ■ 18 451	800 498 ■ 804 098	365 746 ■ 365 746	68 949 ■ 68 949
93 004 ■ 93 040	907 263 ■ 907 263	278 394 ■ 278 094	574 812 ■ 574 182
74 328 ■ 73 328	632 297 ■ 632 972	152 786 ■ 512 786	809 371 ■ 890 371

4. Rechne mit Tausendern (T) wie mit Einern.

a. 125 + 125
   125T + 125T
   125 000 + 125 000

b. 231 + 427
   231T + 427T
   231 000 + 427 000

c. 408 + 319
   408T + 319T
   408 000 + 319 000

d. 385 + 320
   385T + 320T
   385 000 + 320 000

e. 609 + 108
   609T + 108T
   609 000 + 108 000

f. 83 + 283
   83T + 283T
   83 000 + 283 000

g. 57 + 728
   57T + 728T
   57 000 + 728 000

h. 222 + 99
   222T + 99T
   222 000 + 99 000

5. a. 480 − 365
   480T − 365T
   480 000 − 365 000

b. 999 − 250
   999T − 250T
   999 000 − 250 000

c. 712 − 108
   712T − 108T
   712 000 − 108 000

d. 857 − 460
   857T − 460T
   857 000 − 460 000

e. 601 − 89
   601T − 89T
   601 000 − 89 000

f. 539 − 251
   539T − 251T
   539 000 − 251 000

g. 987 − 62
   987T − 62T
   987 000 − 62 000

h. 1000 − 505
   1000T − 505T
   1 000 000 − 505 000

6. Ergänze zum nächsten Hunderttausender.

a. 370 000 + 30 000 = 400 000
   378 000 + ... = 400 000
   378 500 + ... = 400 000

b. 250 000
   254 000
   254 300

c. 590 000
   592 000
   592 100

d. 830 000
   837 000
   837 900

e. 940 000
   943 000
   943 600

f. 120 000
   125 000
   125 800

Legen und überlegen

Million	Hundert-tausend	Zehn-tausend	Tausend	Hundert	Zehner	Einer
M	HT	ZT	T	H	Z	E
	• •	•	• • •	• • • • •	• • •	• • • •
	2	1	3	5	3	4

zweihundertdreizehntausendfünfhundertvierunddreißig

1. Lege, schreibe in Ziffern und sprich die Zahlen.
 a. Welche Zahlen kannst du an der Stellentafel mit einem einzigen Plättchen legen?
 b. Welche Zahlen kannst du mit zwei Plättchen legen?

2. Schreibe die Zahlen mit Ziffern und lies die Zahlen.
 a. 123015
 b.
 c.
 d.
 e.

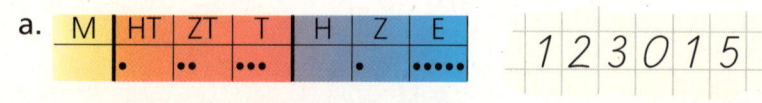

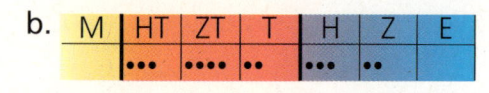

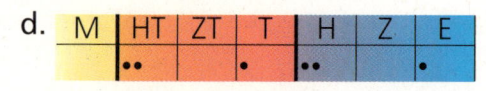

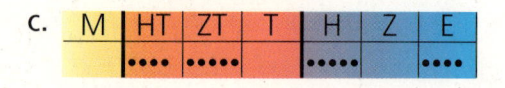

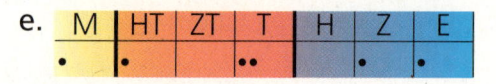

3. Lies die Zahlen und schreibe die Zahlen mit Ziffern.
 a. fünfhundertzwölftausendsiebenhundertzweiundachtzig
 b. vierundzwanzigtausendneunhundertachtzehn
 c. sechshundertsechsundfünfzigtausendsechshundertfünf
 d. siebenhundertdreitausenddreihundertsiebenunddreißig
 e. zweihundertzweiundzwanzigtausendzweihundertzweiundzwanzig

4.
 a. Susi legt die Zahl 48 371.
    Elias legt ein Plättchen dazu.
    Welche Zahl kann es jetzt sein?
 b. Bastian legt die Zahl 215 786.
    Valerija verschiebt ein Plättchen.
    Welche Zahl kann es jetzt sein?

5. Lege auch diese Zahlen in die Stellentafel und schreibe sie.
 a. Von Dortmund bis Barcelona sind es ungefähr vierzehnhundert Kilometer.
 b. Astrid Lindgren wurde neunzehnhundertsieben geboren.
 c. Eine Waschmaschine kostet zwölfhundertsiebenundneunzig Euro.

6. Der Kilometerzähler eines Autos springt gerade auf 210 000.
 Welche Zahl hat er direkt davor angezeigt? Welche Zahl kommt danach?

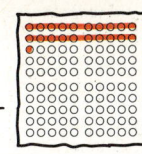

Zahlenkombinationen

Kai möchte seine Freundin Natascha anrufen.
An die ersten beiden Ziffern der 6-stelligen Telefonnummer
kann er sich erinnern, nämlich 79.
Über die restlichen vier Stellen weiß er nur noch,
dass sie aus den Ziffern 1, 2, 3, 4 bestehen. Kai überlegt:
„Soll ich einfach mal probieren?"
Er denkt nach und schreibt sich verschiedene
Möglichkeiten auf.
Dann beschließt er doch lieber die Auskunft
anzurufen.

791234
793241
791324
79

1. Kai ist überrascht, dass er so viele verschiedene Telefonnummern
mit den vier Ziffern bilden kann.
Wie viele verschiedene Nummern findest du?

2a. Wie viele Möglichkeiten gibt es dreistellige Zahlen mit den
Ziffern 7, 8, 9 zu bilden?
Alina hat sich als Lösungshilfe ein Baumdiagramm gezeichnet.
Sie rechnet: $3 \cdot 2 \cdot 1 = 6$. Es gibt 6 verschiedene Zahlen.
b. Wie viele Möglichkeiten gibt es vierstellige Zahlen mit den
Ziffern 6, 7, 8, 9 zu bilden?
Schreibe die Zahlen der Größe nach geordnet auf.

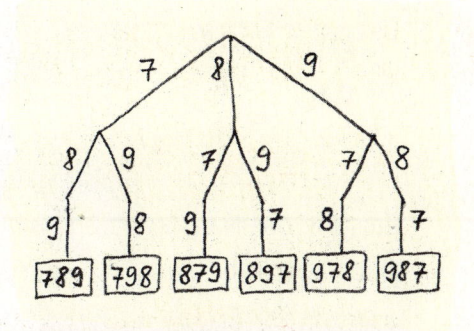

3.

Andi	Kathi	Jan
Andi	Jan	Kathi
Kathi	Andi	Jan

a. Auf wie viele verschiedene Weisen können sich die Kinder auf die Schaukeln setzen?

b. Florie möchte mitfotografiert werden.
Auf wie viele verschiedene Weisen
können sich die 4 Kinder
auf die 4 Schaukeln setzen?

| Jan | Florie | Andi | Kathi |

21

Zeichnen ohne Absetzen

1.

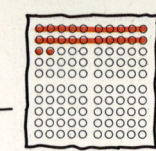

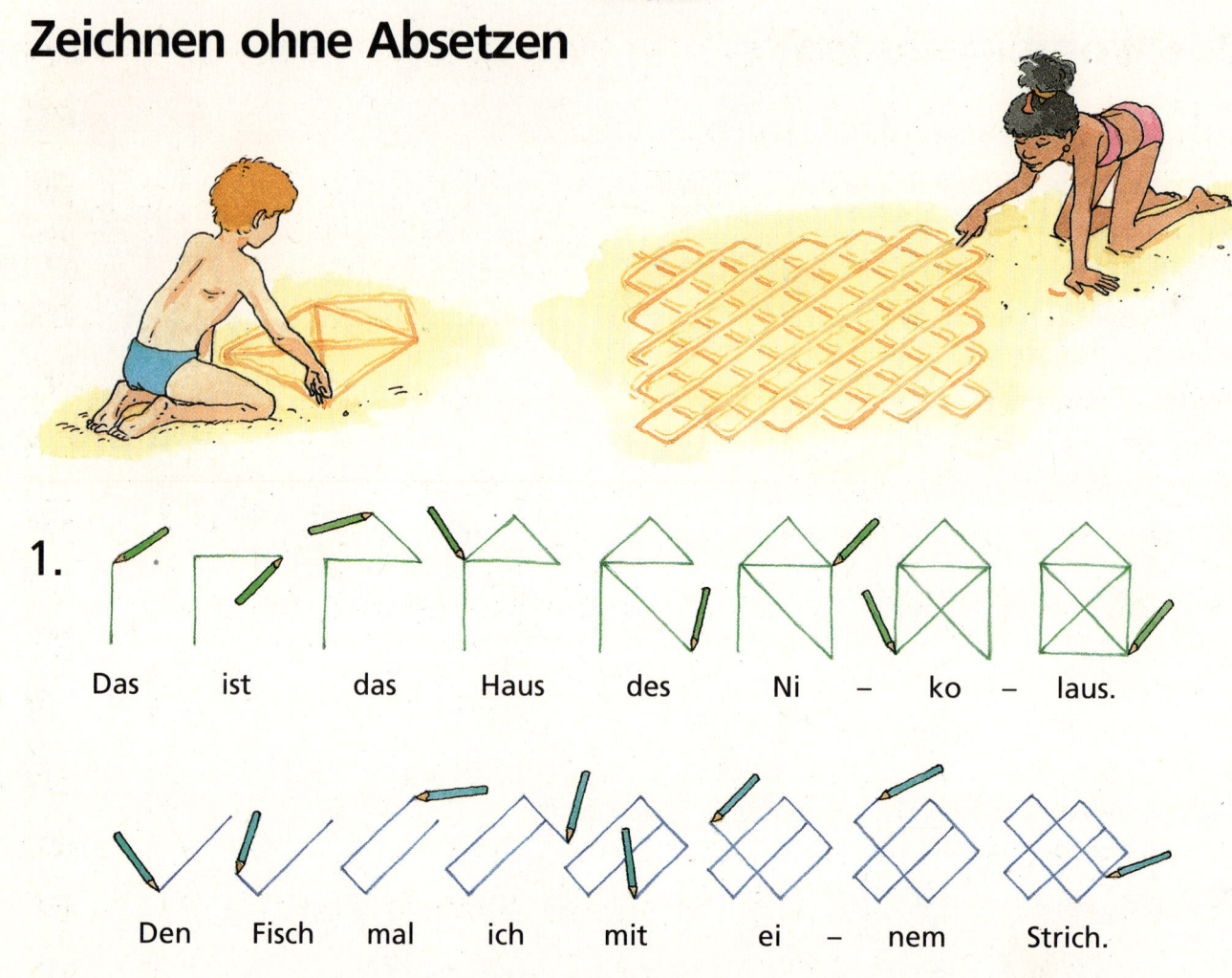

Das ist das Haus des Ni – ko – laus.

Den Fisch mal ich mit ei – nem Strich.

Zeichne das Haus und den Fisch ohne den Stift abzusetzen. Du darfst keine Linie doppelt zeichnen. Kannst du die Figuren auch in einer anderen Reihenfolge zeichnen?

2. Zeichne die Figuren ohne Absetzen und ohne doppelte Linien in dein Heft.
Markiere den Anfangs- und den Endpunkt rot.

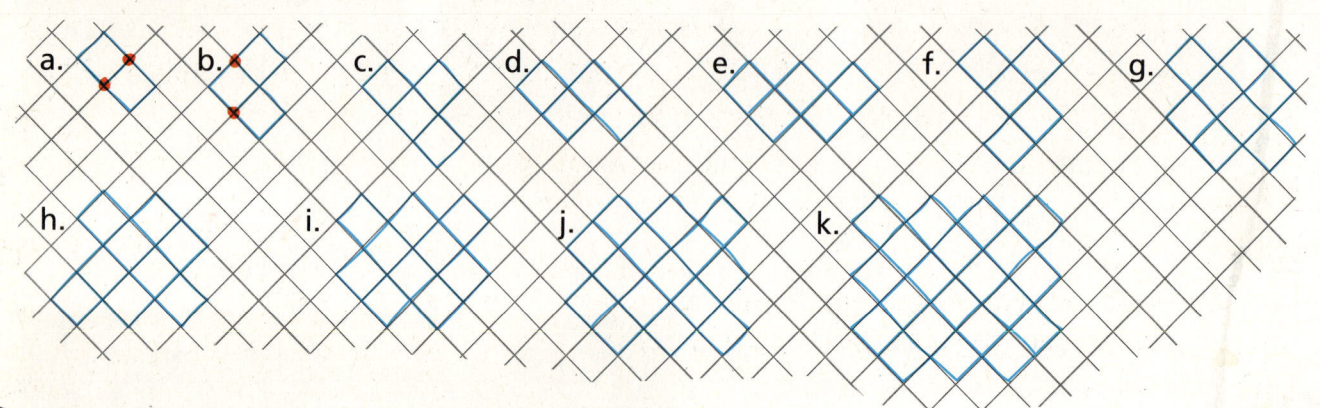

a. b. c. d. e. f. g.

h. i. j. k.

3. Warum kann man diese Figuren nicht ohne Absetzen zeichnen?

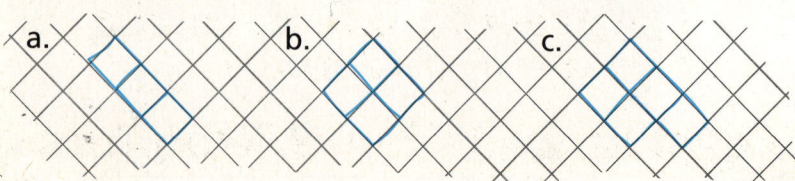

a. b. c.

22

Wie geht es weiter? • Wie geht es weiter?

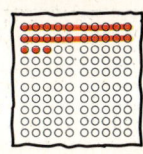

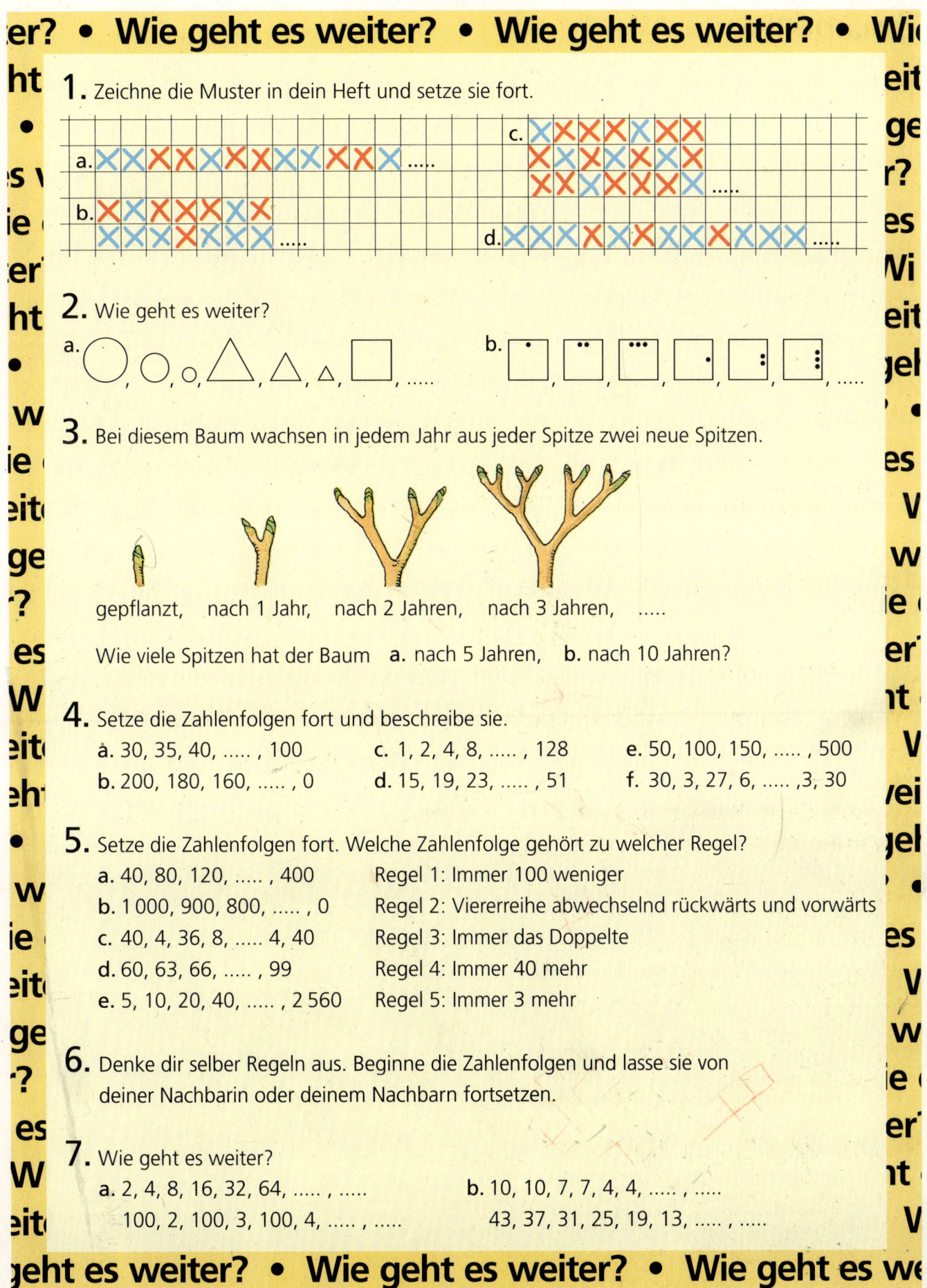

1. Zeichne die Muster in dein Heft und setze sie fort.

a. ×××××××××××× .....
b. ××××××× / ××××××× .....
c. ××××× / ××××× / ××××× .....
d. ×××××××××××××× .....

2. Wie geht es weiter?

a. ○, ○, ○, △, △, △, □, ...

b. ▫, ▫, ▫, ▫, ▫, ▫, ...

3. Bei diesem Baum wachsen in jedem Jahr aus jeder Spitze zwei neue Spitzen.

gepflanzt, nach 1 Jahr, nach 2 Jahren, nach 3 Jahren, ...

Wie viele Spitzen hat der Baum   a. nach 5 Jahren,   b. nach 10 Jahren?

4. Setze die Zahlenfolgen fort und beschreibe sie.

a. 30, 35, 40, ..., 100
b. 200, 180, 160, ..., 0
c. 1, 2, 4, 8, ..., 128
d. 15, 19, 23, ..., 51
e. 50, 100, 150, ..., 500
f. 30, 3, 27, 6, ..., 3, 30

5. Setze die Zahlenfolgen fort. Welche Zahlenfolge gehört zu welcher Regel?

a. 40, 80, 120, ..., 400   Regel 1: Immer 100 weniger
b. 1 000, 900, 800, ..., 0   Regel 2: Viererreihe abwechselnd rückwärts und vorwärts
c. 40, 4, 36, 8, ..., 4, 40   Regel 3: Immer das Doppelte
d. 60, 63, 66, ..., 99   Regel 4: Immer 40 mehr
e. 5, 10, 20, 40, ..., 2 560   Regel 5: Immer 3 mehr

6. Denke dir selber Regeln aus. Beginne die Zahlenfolgen und lasse sie von deiner Nachbarin oder deinem Nachbarn fortsetzen.

7. Wie geht es weiter?

a. 2, 4, 8, 16, 32, 64, ..., ...
100, 2, 100, 3, 100, 4, ..., ...

b. 10, 10, 7, 7, 4, 4, ..., ...
43, 37, 31, 25, 19, 13, ..., ...

23

Zahlenreihe

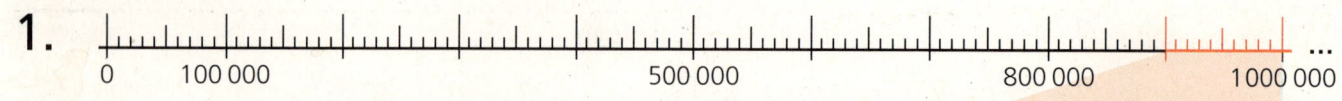

1. [Zahlenstrahl von 0 bis 1 000 000, markiert bei 0, 100 000, 500 000, 800 000, 1 000 000]

Zeige an der Zahlenreihe und zähle weiter:
a. 100 000, 200 000, 300 000, ..., 1 000 000
b. 50 000, 100 000, 150 000, ..., 500 000
c. 770 000, 780 000, 790 000, ..., 840 000

Zeige: Wo ungefähr liegen die Zahlen 5 000, 501 000, 650 100, 870 010, 999 999?

2. [Zahlenstrahl von 900 000 bis 1 000 000, markiert bei 900 000, 910 000, 950 000, 980 000, 1 000 000]

Zeige an dieser Zahlenreihe und zähle weiter:
a. 900 000, 910 000, 920 000, ..., 1 000 000
b. 930 000, 931 000, 932 000, ..., 940 000
c. 955 000, 960 000, 965 000, ..., 995 000

Zeige: Wo ungefähr liegen die Zahlen 910 500, 950 500, 967 600, 988 850, 999 999?

3. [Zahlenstrahl von 999 900 bis 1 000 000, markiert bei 999 900, 999 910, 999 950, 999 980, 1 000 000]

Zeige an dieser Zahlenreihe und zähle weiter:
a. 999 910, 999 920, 999 930, ..., 1 000 000
b. 999 969, 999 970, 999 971, ..., 999 980
c. 999 905, 999 910, 999 915, ..., 999 955

4a. Zähle in Einerschritten weiter: 6 995, 6 996, 6 997, ..., 7 006
 b. Zeichne dir deine eigene Zahlenreihe dazu.

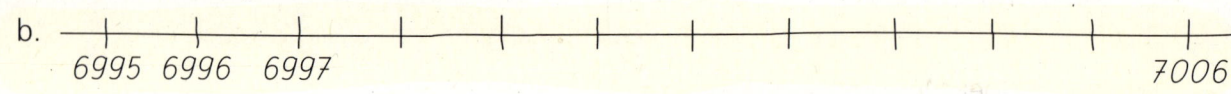

 b. [Zahlenstrahl mit 6995, 6996, 6997 ... 7006]

5a. Zähle in Tausenderschritten weiter: 17 000, 18 000, 19 000, ..., 27 000.
 b. Zeichne dir deine eigene Zahlenreihe dazu.

 b. [Zahlenstrahl mit 17 000, 18 000 ...]

 c. Zeige: Wo ungefähr liegen die Zahlen 18 500, 25 100, 20 001, 25 400, 26 999?

6a. Zähle in Hunderttausenderschritten weiter: 300 000, 400 000, ..., 1 000 000.
 b. Zeichne dir deine eigene Zahlenreihe dazu.

 b. [Zahlenstrahl mit 300 000, 400 000 ...]

 c. Zeige: Wo ungefähr liegen die Zahlen 550 000, 750 000, 301 000, 614 985, 999 999?

1 – 3 Verschiedene Ausschnitte des Zahlenstrahls besprechen.
4 – 6 Eigene Ausschnitte als Rechenstrich zeichnen.

1. Wie heißen die fehlenden Zahlen? Zähle weiter und schreibe auf.

a. |—|—|—|—|—|—|—|—|—|—|
   8 000 9 000   13 000

   a. 8000, 9000, 10000

b. |—|—|—|—|—|—|—|—|—|—|
   80 000 90 000   130 000

2. Schreibe zu jedem Buchstaben die Zahl auf.

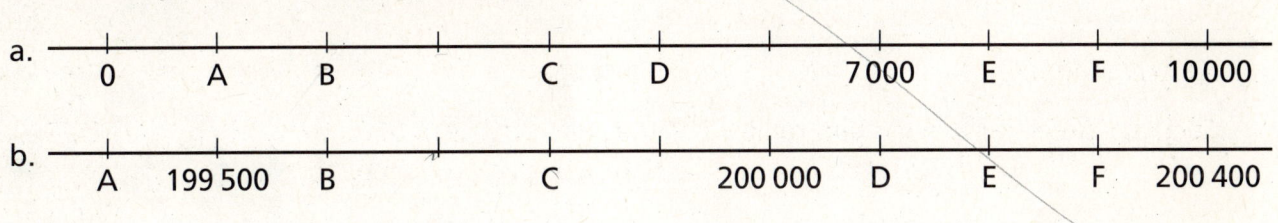

a. 0 A B   C D   7 000 E F 10 000

b. A 199 500 B   C   200 000 D E F 200 400

3. Schreibe die Nachbarzahlen auf.
   a. 246 246, 462 462, 624 624, 426 426
   b. 500 000, 500 010, 500 100, 501 000

   a. 246245, **246246**, 246247

4. Welche Zahl liegt genau in der Mitte zwischen 7 000 und 9 000?
   Bestimme die Mitte ebenso zwischen:
   a. 70 000 und 90 000   b.   3 000 und   4 000
       700 000 und 900 000   300 000 und 400 000
       770 000 und 990 000   303 000 und 404 000

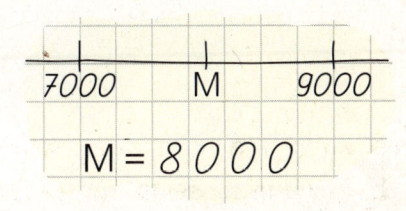

   7000 M 9000
   M = 8000

5. Zähle bis zu einer Million
   a. in 100 000-Schritten,   b. in 50 000-Schritten,   c. in 25 000-Schritten.

6a. Immer 1 000 / Immer 1 000 000   **b.** Immer 1 000 / Immer 1 000 000

   634 + 366   634 000 + 366 000   873 + _____   873 000 + _____
   231 + _____   231 000 + _____   542 + _____   542 000 + _____
   757 + _____   757 000 + _____   486 + _____   486 000 + _____
   825 + _____   825 000 + _____   317 + _____   317 000 + _____
   908 + _____   908 000 + _____   99 + _____   99 000 + _____

7. Das Westfalen-Stadion in Dortmund hatte früher 42 800 Zuschauerplätze.
   Nach dem Umbau 1998 fasst es 69 500 Zuschauer.
   a. Wie viele Plätze wurden neu geschaffen?
   b. Vergleiche mit einem Stadion in deiner Nähe.

Zahlen aus Stadt und Land

Stuttgart

Landeshauptstadt von Baden-Württemberg.

Fläche: So groß wie 207 Kilometerquadrate
Am dichtesten besiedelter Kreis in
Baden-Württemberg: 299 979 weibliche
und 285 295 männliche **Einwohner**.

41 **Grundschulen** mit insgesamt
20 480 Schülerinnen und Schülern.

  16 km **Autobahnen**
  31 km **Bundesstraßen**
  32 km **Landesstraßen**
   7 km **Kreisstraßen**
 134 km **Ortsdurchfahrten**

Am 31.12.1997 waren zugelassen:
282 191 **Pkws** und 36 664 **sonstige Kraftfahrzeuge**.

Main-Tauber-Kreis

Nördlichster **Landkreis** von
Baden-Württemberg.
Fläche: So groß wie 1305 Kilometerquadrate
Am dünnsten besiedelter Kreis in
Baden-Württemberg: 69 708 weibliche und
67 355 männliche **Einwohner**.

73 **Grundschulen** mit insgesamt
6684 Schülerinnen und Schülern.

  46 km **Autobahnen**
  87 km **Bundesstraßen**
 299 km **Landesstraßen**
 375 km **Kreisstraßen**
 133 km **Ortsdurchfahrten**

Am 31.12.1997 waren zugelassen:
74 568 **Pkws** und 21 648 **sonstige Kraftfahrzeuge**.

1. Vergleiche die Zahlen der Stadt Stuttgart mit den Zahlen aus dem Main-Tauber-Kreis.

2. Überschlage, wie viele Schüler die Grundschulen in Stuttgart und im Main-Tauber-Kreis im Durchschnitt haben.

3. Suche Zahlen aus deiner Stadt oder deinem Landkreis.
Informationen bekommst du im Rathaus oder im Landratsamt.

Verkehrschaos auf der Autobahn

Eine riesige Stauwelle schob sich gestern auf München zu. 150 km lang drängten sich Wagen dicht an dicht, im Schnitt alle acht Meter ein neues Fahrzeug.

Wie viele Autos standen im Stau?

Jeder Wagen befördert durchschnittlich 3 Personen.
Wie viele Personen warteten darin?

Alter Gutshof im neuen Kleid

Rund 240 000 Euro soll die Restaurierung des alten Fachwerkanwesens in der Ruhnstraße kosten. Das Land, das Denkmalamt und der Besitzer übernehmen je ein Drittel der Kosten.

Wie hoch sind die Kosten für jeden?

Mineralwasser sprudelt aus 40 Meter Tiefe

24 000 Flaschen werden stündlich in dem Betrieb abgefüllt, 60 Millionen Flaschen im Jahr.

In einen Kasten passen 12 Flaschen.
Wie viele Kästen werden stündlich abgefüllt?

Tolle Sammelaktion: Kinder helfen

In Neustadt sammelten 154 Kinder insgesamt 10 135 kg Kastanien und andere Wildfrüchte. Das Futter ist für das Damwild am Wildgatter.

Der 6 Jahre alte Christian und sein dreijähriger Bruder André waren die fleißigsten. Die beiden lieferten zusammen 721 kg Kastanien am Neuen Forsthaus ab. Das Damwild frisst am Tag 40 kg.

Wie viele Tage reicht das Futter?

Wir gratulieren

In Holzhausen gab es am 11. Mai 1996 die goldene Hochzeit von Elli (83) und Karl Fritsch (82) zu feiern.

Wann haben Elli und Karl geheiratet?

Schüler für den Umweltschutz

An fünf Projekttagen haben 10 Dortmunder Grundschüler 3500 kg Abfall gesammelt. Am stärksten verschmutzt mit Dosen, Flaschen und Kartons waren die Wege zu beliebten Aussichtsplätzen.

Wie viel Abfall hat jeder Schüler durchschnittlich gesammelt?
Wie viel sammelte jeder täglich im Durchschnitt?

SONNE UND MOND

SA: 5.25 Uhr   SU: 21.52 Uhr
MA: 13.38 Uhr   MU: 0.55 Uhr

Wie lange scheint heute die Sonne?

Suche Zahlen aus deiner Zeitung.

Stichproben

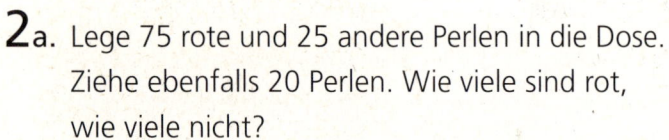

1 a. Lege 50 rote und 50 andersfarbige Perlen in eine Dose und mische. Hole mit geschlossenen Augen 20 Perlen heraus. Wie viele sind rot? Wie viele nicht? Trage in eine Tabelle ein.

b. Lege die Kugeln zurück und wiederhole das Experiment mehrmals. Wie viele Kugeln sind durchschnittlich rot?

2 a. Lege 75 rote und 25 andere Perlen in die Dose. Ziehe ebenfalls 20 Perlen. Wie viele sind rot, wie viele nicht?

b. Wiederhole das Experiment. Wie viele Kugeln sind durchschnittlich rot?

3. Auf dem Foto siehst du 30 rote Autos. Wie viele Autos vermutest du danach auf dem Parkplatz?

VON ALLEN 1993 ZUGELASSENEN PKW WAR UNGEFÄHR EIN VIERTEL ROT.

ANTEILE DER FARBEN BEI AUTOS

4. Autos zählen: Sucht einen sicheren Zählplatz neben einer Straße. Arbeitet mit einer Partnerin oder einem Partner. Eine zählt mit einer Strichliste alle Autos, bis 100 vorbeigefahren sind. Der andere zählt gleichzeitig nur die roten Autos. Vergleicht mit Aufgabe 3.

5. Bei einer Verkehrszählung wurden an einer Kreuzung 1 615 rote Autos gezählt. Wie viele Autos haben die Kreuzung während dieser Zeit durchfahren? Schätze.

Trimm dich 2·50   2·25   2·75   2·150   2·35   100:2   200:2   50:2   500:2
2·500   2·125   2·375   2·1500   2·350   1000:2   2000:2   250:2   550:2

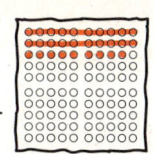

Stunde, Minute, Sekunde

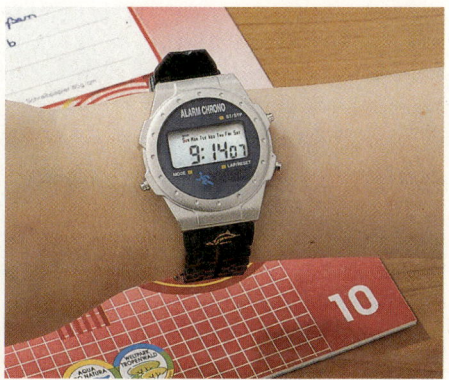

9.14 07 oder 21.14 07

9 Uhr, 14 Minuten, 7 Sekunden

Der Gewichtheber muss die Hantel 2 Sekunden ruhig oben halten, sonst ist der Versuch ungültig.

1 a. Beobachte an der Uhr die Anzeige der Sekunden und die Anzeige der Minuten.
b. Zähle eine Minute lang die Sekunden laut mit.

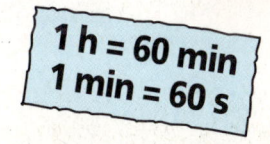

1 h = 60 min
1 min = 60 s

2 a. Bestimme die Anzeige 1 Sekunde später.

Anzeige	9.14 07	10.08 29	12.49 39	16.28 59	16.29 59	19.59 59	23.59 59
1 Sek. später	9.14 08						

b. 2 Sekunden später, **c.** 15 Sekunden später, **d.** 30 Sekunden später, **e.** 60 Sekunden später.

3. Baut aus einem Gewicht und einer Schnur ein Pendel, das genau in 1 Sekunde hin und in 1 Sekunde her schwingt.
Wie lang ist die Pendelschnur?

4. Wie viele Sekunden hat 1 Stunde?

5. LUNA THEATER ZAUBERSHOW 7777 Sekunden Spannung
Wie viele Stunden und Minuten dauert die Show?

6. Ein Mensch legt in 1 Stunde zu Fuß 4 km zurück. Läuft er dabei in 1 Sekunde weniger als 1 m oder mehr als 1 m?

7. Wie viele Sekunden hat ein Tag?

8. Verwandle in s.
3 min, 5 min, 15 min, $\frac{1}{2}$ min, $\frac{1}{4}$ min.

3 min = *180* s

29

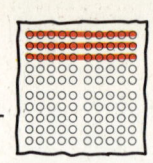

Mitglieder des Deutschen Leichtathletik-Verbandes (1997)

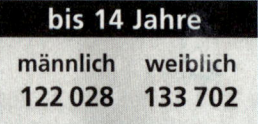

bis 14 Jahre		14 - 18 Jahre		über 18 Jahre	
männlich	weiblich	männlich	weiblich	männlich	weiblich
122 028	133 702	50 654	47 678	269 211	207 892

Mitglieder des Deutschen Tennis Bundes (1997)

bis 14 Jahre		14 - 18 Jahre		über 18 Jahre	
männlich	weiblich	männlich	weiblich	männlich	weiblich
184 361	127 954	128 473	84 979	993 553	681 243

Mitglieder des Deutschen Fußball-Bundes (1997)

Junioren bis 14 Jahre	Junioren 14 – 18 Jahre	Senioren über 18 Jahre	Damen und Mädchen
1 242 762	445 604	3 667 942	772 377

1. Wie viele Jungen bis 14 Jahre
   a. betreiben Leichtathletik, **b.** spielen Tennis, **c.** spielen Fußball?

2. Runde alle Zahlen in der Tabelle zu glatten Tausendern.
   122 028 ≈ 122 000
   133 702 ≈

Rechne die nächsten Aufgaben mit glatten Tausendern.

3. Wie viele Kinder bis 14 Jahre **a.** betreiben Leichtathletik, **b.** spielen Tennis?
   Karina rechnet: a. 122 000 + 134 000 =
   122 T + 134 T   Wie rechnest du?

4. Wie viele Jugendliche von 14 - 18 Jahren
   a. betreiben Leichtathletik, **b.** spielen Tennis?

5. Wie viele Damen und Mädchen
   a. betreiben Leichtathletik, **b.** spielen Tennis, **c.** spielen Fußball?

6. Berechne die Gesamtmitgliederzahl
   a. in der Leichtathletik, **b.** beim Tennis, **c.** beim Fußball.

7. Erfinde eigene Aufgaben.

Das Zeichen ≈ wiederholen.
3–7 Mit glatten Tausendern rechnen.

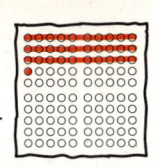

Mitgliederentwicklung

1991	Leichtathletik	Tennis	Fußball
männlich	481 804	1 289 476	4 724 506
weiblich	397 780	903 527	521 029

1997	Leichtathletik	Tennis	Fußball
männlich	441 893	1 306 387	5 356 308
weiblich	389 272	894 176	772 377

1. Runde alle Zahlen zu glatten Tausendern.
   Rechne die nächsten Aufgaben mit glatten Tausendern.

2. Berechne die Unterschiede bei den Mitgliederzahlen von 1991 und 1997.
   Alexander rechnet:

   482 000 − 442 000 = 40 000
   ─────────────────────────
   482 T   − 442 T

   Es gab 1997 in der Leichtathletik ≈ 40 000 männliche Mitglieder weniger.
   Wie rechnest du?

3. Erfinde eigene Aufgaben.

4. a. 10 000 − 1
      10 000 − 10
      10 000 − 100
      10 000 − 1 000
      10 000 − 10 000

   b. 100 000 − 100 000
      100 000 − 10 000
      100 000 − 1 000
      100 000 − 100
      100 000 − 1

   c. 10 000 − 5
      10 000 − 50
      10 000 − 500
      10 000 − 5 000
      10 000 − 5 555

   d. 100 000 − 50 000
      100 000 − 5 000
      100 000 − 500
      100 000 − 50
      100 000 − 55 550

5. a. 270 − 30
      270 T − 30 T
      270 000 − 30 000

   b. 360 − 40
      360 T − 40 T
      360 000 − 40 000

   c. 720 − 80
      720 T − 80 T
      720 000 − 80 000

   d. 810 − 90
      810 T − 90 T
      810 000 − 90 000

6. a. 560 − 80
      560 T − 80 T
      560 000 − 80 000

   b. 560 − 7
      560 T − 7 T
      560 000 − 7 000

   c. 480 − 60
      480 T − 60 T
      480 000 − 60 000

   d. 480 − 8
      480 T − 8 T
      480 000 − 8 000

7. Der Tiefseeforscher Auguste Piccard kam mit einem Tauchschiff und der daran befestigten Kugel 1953 bis in 3 150 Meter Tiefe. Sein Sohn Jacques erreichte mit dem Tauchschiff „Trieste" eine Tiefe von 11 000 Metern im Marianengraben.
   Wie viele Meter kam Jacques tiefer als sein Vater?

8. Mit einem 750 000 Euro teuren Spezialtauchanzug können Taucher bis zu 360 Meter tief tauchen. Vergleiche mit den Tauchschiffen.

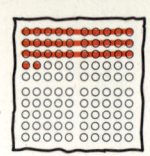

Schriftliche Addition

1. ⓪①②③④⑤⑥⑦⑧⑨

Bilde aus den Ziffern
zwei fünfstellige Zahlen und addiere sie.

|4|7|6|5|
|2|0|8|9|

```
  34765
+ 12089
  ¹ ¹
  46854
```

a. Finde weitere Aufgaben.
b. Bilde Aufgaben mit dem größten Ergebnis.
c. Bilde Aufgaben mit dem kleinsten Ergebnis.
d. Bilde Aufgaben möglichst nahe an 100 000.
e. Bilde Aufgaben möglichst nahe an 50 000.
f. Bilde Aufgaben mit dem Ergebnis 90 000.

2.
```
   5 689      5 309       609      5 682      5 902       382     2 345
+    302   +   682   +  5 382   +    409   +     89   + 5 609   + 3 646
   5 991      -----       -----     -----      -----      -----     -----
```

3a. Hüpf in der Reihe!
```
   1 234      3 881      6 354      2 906      5 677     10 704     4 588
+  1 672   +    707   +  4 350   +    975   +    677   +    407   + 1 089    Ziel
   2 906      -----      -----      -----      -----      -----      -----   11 111
```

b.
```
      36        521     13 926      4 601      8 650      1 456     7 784
+    108   +     39   +  4 826   +    593   +  3 068   +     48   +   777
+    377   +    896   +  1 248   +  2 590   +  2 208   +  3 097   +    89    Ziel
     521      -----      -----      -----      -----      -----      -----   20 000
```

4. Schreibe stellengerecht untereinander und addiere.

a. 2 782 + 1 103
3 809 + 76
876 + 3 009
806 + 3 079
3 806 + 89

b. 10 385 + 7 456 + 37 704
18 518 + 26 509 + 10 518
42 180 + 184 + 13 091
7 793 + 15 590 + 31 172
10 269 + 32 033 + 3 253

c. 79 720 + 3 047 + 499 + 16 734
13 056 + 99 + 74 505 + 2 340
39 999 + 26 666 + 13 333 + 2
17 500 + 4 375 + 750 + 47 375
17 + 30 123 + 14 771 + 5 089

5. Addiere zuerst 2 793 und danach 7 207.

a. Start 37 289 →+2 793→ 40 082 →+7 207→ Ziel -----

```
NR:  37289
  +   2793
      ¹¹¹
     40082
  +   7207
```

Starte auch mit 35 117, 28 149, 15 100, 26 001 und 89 999.

b. Wähle eigene Zahlen.

Trimm dich
8·10   9·40   4·100   3·10   4·10   2·70   70·8   90·7   6·10
80:4   180:2   400:8   300:10   160:20   280:7   560:8   640:8   60:20

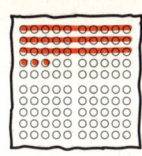

Schriftliche Subtraktion

1. 0 1 2 3 4 5 6 7 8 9

Bilde aus den Ziffern zwei fünfstellige Zahlen und subtrahiere sie.

```
  47615
- 20398
-------
  27217
```

- a. Finde weitere Aufgaben.
- b. Bilde eine Aufgabe mit möglichst großem Ergebnis.
- c. Bilde eine Aufgabe mit möglichst kleinem Ergebnis.
- d. Bilde Aufgaben möglichst nahe an 10 000.
- e. Bilde Aufgaben möglichst nahe an 50 000.
- f. Bilde Aufgaben möglichst nahe an 75 000.

2.

58 910	73 021	74 404	81 879	103 301	102 020
− 13 456	− 16 456	− 6 728	− 3 092	− 13 403	− 11 111
45 454	------	------	------	------	------

3a. Hüpf in der Reihe!

29 929 ✓	11 131	27 059	26 682	21 716	22 604	19 009	**Ziel**
− 2 870	− 1 233	− 377	− 4 078	− 2 707	− 888	− 7 878	
27 059	------	------	------	------	------	------	**9 898**

b.

9 102	2 975	8 929	6 485	5 930	3 843	8 502	**Ziel**
− 173	− 1 965	− 427	− 555	− 2 087	− 868	− 2 017	
8 929	------	------	------	------	------	------	**1 010**

4. Schreibe stellengerecht untereinander und subtrahiere.

a.	b.	c.	d.
45 777 − 908	22 222 − 17 888	8 176 − 407	111 111 − 55 556
46 777 − 1 098	33 333 − 27 888	8 643 − 874	77 770 − 27 765
56 777 − 11 098	32 099 − 26 654	10 092 − 2 323	80 008 − 24 453
56 889 − 11 210	12 012 − 6 567	8 325 − 656	66 661 − 16 656
57 889 − 10 210	20 024 − 15 690	9 578 − 1 909	100 001 − 44 446

5. Subtrahiere zuerst 3 604 und danach 6 396.

a. Start 24 187 −3604→ 20 583 −6396→ Ziel ------

Starte auch mit 35 117, 28 149, 15 100, 26 001 und 89 999.

b. Wähle eigene Zahlen.

```
NR:  24187
   −  3604
   -------
     20583
   −  6396
```

Trimm dich

60·7	80·6	70·7	80·7	60·8	70·6	90·6	10·80	70·9
720:8	630:7	630:9	420:6	540:6	800:8	560:7	480:8	490:7

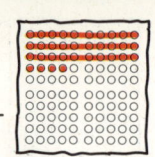

1 a. Die Kinder wiegen zusammen 940 kg.
Wie viel kg fehlen bis zu einer Tonne?

b. Das Auto wiegt 1 015 kg.
Wie viel kg sind es mehr als eine Tonne?

2. Die Sicherheit eines großen Aufzuges soll überprüft werden. Der Monteur muss hierfür den Aufzug mit 1 Tonne belasten.
Wie viele 25-kg-Gewichte benötigt der Monteur?

> 1 Tonne hat 1000 Kilogramm.
> 1 t = 1000 kg
> $\frac{1}{2}$ t = 500 kg
> 1 t = 10 · 100 kg

3. Ein kleiner Laster hat ein Leergewicht von 2 t 800 kg.
Seine Ladung wiegt 2300 kg.
Vor der Brücke sieht die Fahrerin dieses Schild.
Darf sie weiterfahren?

4. Kräne haben ein Schild, auf dem steht, wie viel kg sie heben dürfen.

Ausladung in Meter	10	15	20	25	30	35	40	45
Tragfähigkeit in kg	5 600	5 460	3 770	2 840	2 250	1 830	1 570	1 300

Verwandle in Tonnen und Kilogramm.

5600 kg = *5* t *600* kg

5. Verschiedene Gewichte.
Ordne nach Gewicht.

a.
Auto	1 465 kg
Frachtschiff	170 000 t
betankter Jumbojet	363 t
Kühlschrank	40 kg
Linienbus	17 t
Mondrakete Saturn	2 837 t
Rettungswagen	3 200 kg
Straßenbahn	50 t
Waschmaschine	95 kg

b.
Bär	800 kg
Blauwal	130 t
Elefant	5 t
Giraffe	1 200 kg
Nashorn	2 t 400 kg
Pottwal	53 t
Seelöwe	90 kg
Tiger	350 kg
Walross	1 t + $\frac{1}{2}$ t

Alle Angaben sind ungefähre Werte.

32 800 kg   **21 900 kg**

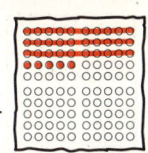

Um das Gewicht einer Lkw-Ladung festzustellen, wird ein Lkw zweimal gewogen, einmal mit Ladung und einmal ohne Ladung.

1. Wie viel kg Weizen hatte der Lkw geladen?

2. Berechne das Gewicht der Ladung in kg. Verwandle auch in t und kg.

a.
Art der Ladung	Gesamtgewicht	Leergewicht
Weizen	45 700 kg	30 340 kg
Weizen	39 300 kg	24 950 kg
Roggen	40 660 kg	25 720 kg
Hafer	17 920 kg	2 590 kg
Hafer	38 450 kg	23 680 kg

b.
Art der Ladung	Gesamtgewicht	Leergewicht
Roggen	41 340 kg	26 400 kg
Roggen	8 860 kg	3 520 kg
Weizen	40 740 kg	26 480 kg
Hafer	38 350 kg	23 940 kg
Gerste	18 410 kg	3 050 kg

3. Berechne das Gewicht der zulässigen Ladung (Nutzlast).

a.
Fahrzeug	zulässiges Gesamtgewicht	Leergewicht
Auto	1 465 kg	975 kg
Kleinbus	2 390 kg	1 412 kg
kl. Reisebus	14 400 kg	11 045 kg
Linienbus	17 200 kg	10 536 kg
Kleinlaster	7 500 kg	3 534 kg

b.
Fahrzeug	zulässiges Gesamtgewicht	Leergewicht
Segelflugzeug	459 kg	243 kg
Schwebebahn	36 500 kg	22 175 kg
Tankwagen	40 t	16 t
Jumbojet	363 t	304 t
Mondrakete	2 837 t	2 831 t

4. Ein Lkw wiegt leer 3420 kg. Er wird mit 180 Mehlpaketen zu je 15 kg beladen. Wie viel wiegt der beladene Lkw?

5. Schreibe in t und kg.
   a. 75 010 kg, 12 500 kg, 24 000 kg, 333 033 kg, 5 120 kg.
   b. 8 · 2 500 kg, 5 · 3 000 kg, 6 · 1 500 kg, 4 · 350 kg, 9 · 900 kg.
   c. 5 350 kg + 4 500 kg, 38 600 kg + 900 kg, 9 999 kg + 450 kg.

a. *75 010 kg = 75 t   10 kg*
   12 500 kg = 12 t 500 kg

35

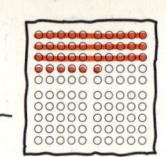

Spiegelbuch – Drehsymmetrie

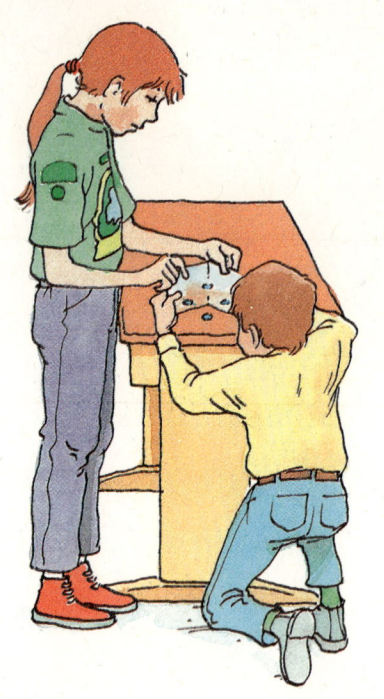

Zeichne diese Figur  auf ein Blatt Papier.

Mache daraus mit dem Spiegelbuch:

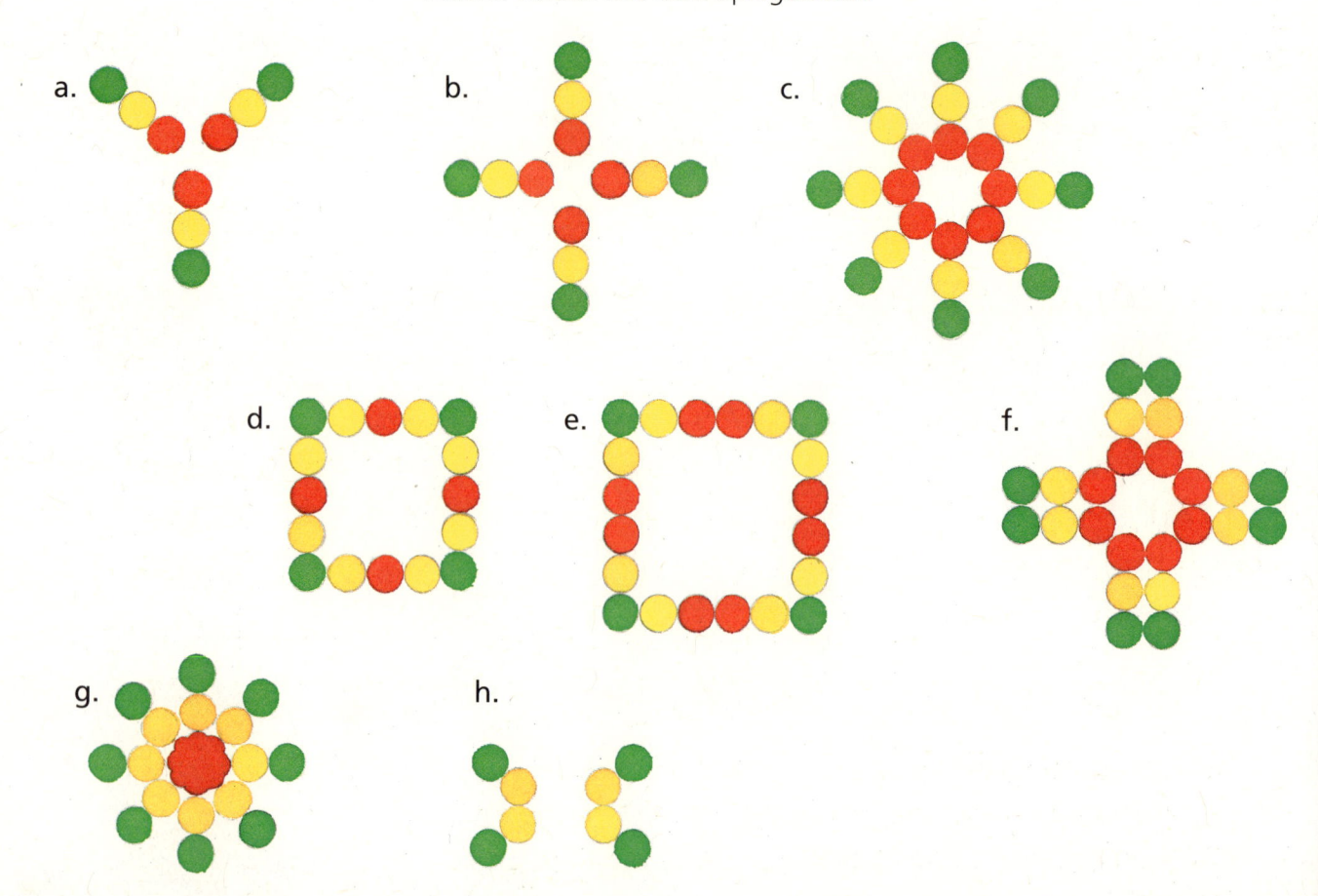

a.   b.   c.

d.   e.   f.

g.   h.

36 Mit Gewebeklebeband zwei Spiegel zu einem Spiegelbuch zusammenkleben und aus den Ausgangsfiguren drehsymmetrische Figuren herstellen.

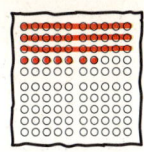

Zeichne diese Figur ———•——— auf ein Blatt Papier.

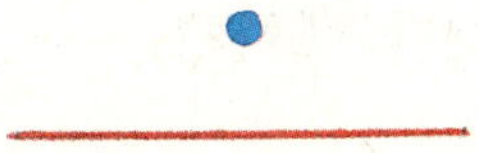

Mache daraus mit dem Spiegelbuch:

a.

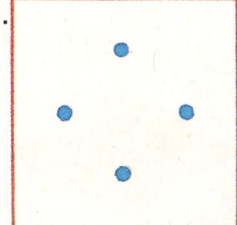

b.

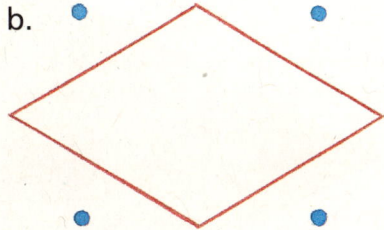

c.

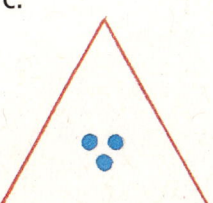

d.

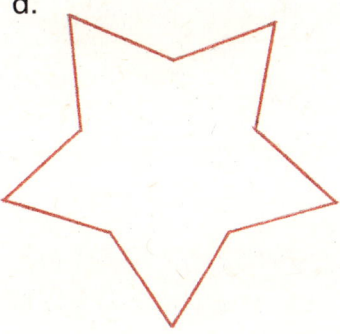

e.

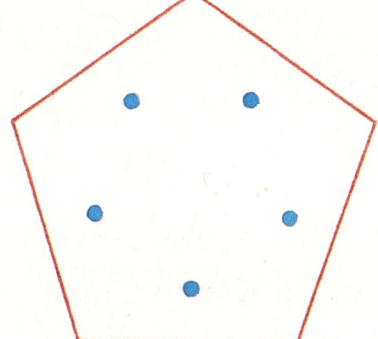

f.

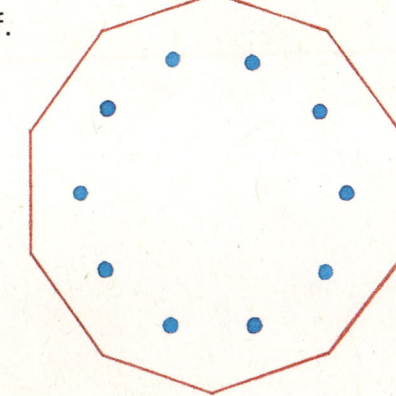

g.

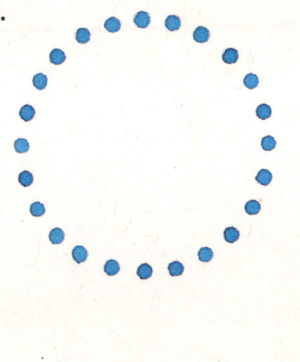

Versuche auch regelmäßige Sechsecke und Achtecke herzustellen.

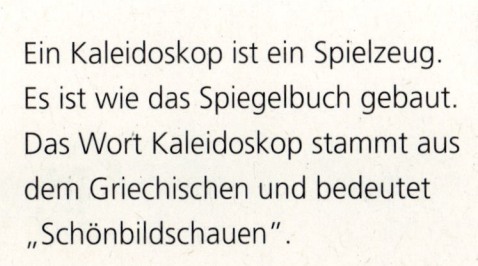

Ein Kaleidoskop ist ein Spielzeug. Es ist wie das Spiegelbuch gebaut. Das Wort Kaleidoskop stammt aus dem Griechischen und bedeutet „Schönbildschauen".

Evtl. aus Aluminiumfolie oder zwei Streifenspiegeln ein Kaleidoskop basteln.

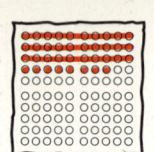

Verwandte Malaufgaben

1a. Wie ändern sich die Zahlen?
Wie ändern sich die Ergebnisse?

b. Vergleiche mit dem Stellen-Einmaleins auf der Rückseite deines Buches.

c. Ordne die Aufgaben nach ihren Ergebnissen.

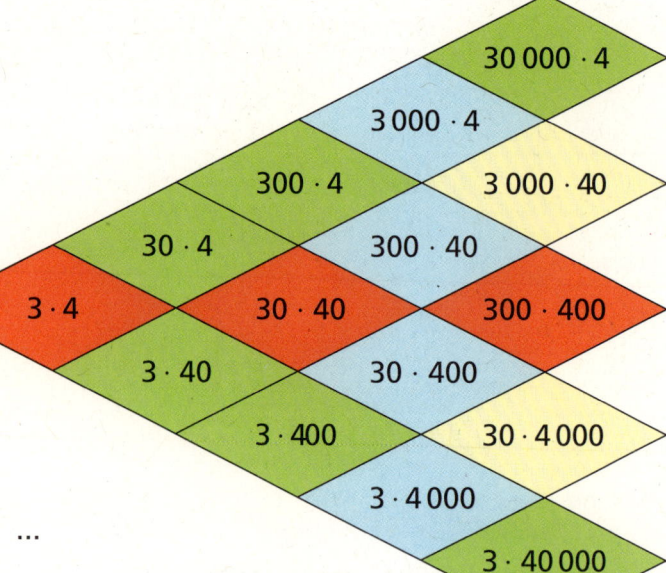

12 | 120 | 1 200 ...

Raute-Feld:
- 30 000 · 4
- 3 000 · 4
- 300 · 4 | 3 000 · 40
- 30 · 4 | 300 · 40
- 3 · 4 | 30 · 40 | 300 · 400
- 3 · 40 | 30 · 400
- 3 · 400 | 30 · 4 000
- 3 · 4 000
- 3 · 40 000

2.

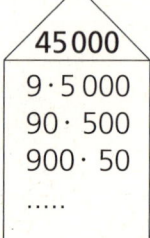

4 500	45 000
9 · 500	9 · 5 000
500 · 9	90 · 500
5 · 900	900 · 50
90 · 50	.....
.....	

Finde Zahlenhäuser zu den Ergebnissen:

	a.	b.	c.	d.	e.
	270	350	480	240	360
	2 700	3 500	4 800	2 400	3 600
	27 000	35 000	48 000	24 000	36 000

3. Wie ändern sich die Aufgaben in den einzelnen Zahlenhäusern?

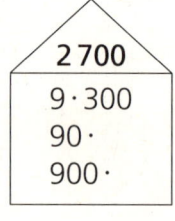

2 700	72 000	630 000	3 600	40 000	2 048
9 · 300	8 · 9 000	7 · 90 000	6 ·	4 ·	2 · 1 024
90 ·	80 ·	· 9 000	60 ·	40 ·	4 ·
900 ·	800 ·	700 ·	600 ·	400 ·	8 ·
	8 000 ·	· 90	9 ·	4 000 ·	16 ·
		70 000 ·	90 ·	8 ·	
			900 ·	80 ·	
				800 ·	
				8 000 ·	

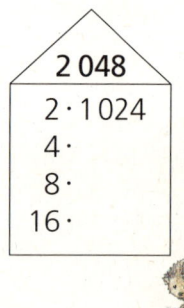

4. Welche Ergebnisse sind jeweils gleich?

a. 11 · 2 730	b. 10 · 3 003	c. 10 · 2 970	d. 7 · 4 290	e. 128 · 17
22 · 1 350	5 · 6 006	3 · 9 900	14 · 2 150	64 · 34
11 · 2 700	30 · 1 001	5 · 5 940	42 · 715	32 · 66

Trimm dich

1 · 1 | 10 · 100 | 10 · 1 000 | 1 000 · 1 000 | 10 · 100 000 | 10 000 · 10
10 · 10 | 100 · 100 | 100 · 1 000 | 1 000 · 100 | 100 000 · 10 | 1 000 · 10

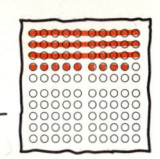

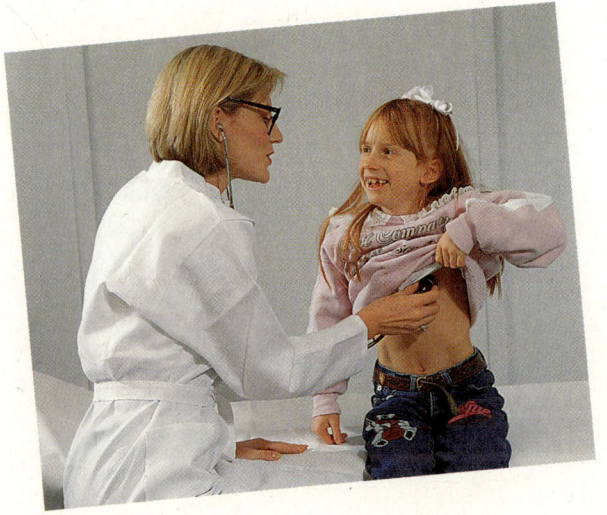

1. Ein Kinderherz schlägt etwa 72-mal pro Minute. Wie oft schlägt es an einem Tag?

·	60
70	4200
2	120
	4320

·	20	4
4000		
300		
20		

2.

Lebewesen	Herzschläge pro Minute	Atemzüge pro Minute
Elefant	24	6
Fledermaus	972	50
Hund	73	18
Igel (wach)	280	20
Igel (Winterschlaf)	18	5
Maus	600	163
Meerschweinchen	250	90
Pferd	36	10
Erwachsener Mensch	65	12

a. Berechne für jedes Tier die Herzschläge pro Stunde.
b. Berechne für jedes Tier die Atemzüge pro Stunde.
c. Beobachte eine Uhr mit Sekundenzeiger. Stelle dir vor, wie ein Elefant atmet oder wie eine Maus atmet.

3.

Vogel	Flügelschläge pro Sekunde
Kolibri	45
Haussperling	13
Blässhuhn	6
Wanderfalke	4
Storch	2

Wie viele Flügelschläge pro Minute?

4. Finde eigene Aufgaben zu den Tabellen.

5.

·	15	16	17	18
15				
16				
17				
18				

NR:

·	10	5
10		
5		

6. Schöne Ergebnisse.

a. 77 · 390   b. 77 · 13
   60 · 495   77 · 26
   231 · 130   77 · 39
   45 · 660   77 · 52
   154 · 195   77 · 65

7.
a. 25 · 25   b. 32 · 32   c. 13 · 13   d. 29 · 29   e. 23 · 23   f. 47 · 47
   24 · 26   31 · 33   12 · 14   28 · 30   22 · 24   46 · 48

1–3 Die Daten sind ungefähre Angaben.

1. Zerlege in gleiche oder fast gleiche Zahlen.

a. 700 = 350 + 350   800 = 400 + ___   900 = ___ + ___   900 = ___ + ___
   62 = 31 + 31   49 = 25 + 24   36 = ___ + ___   75 = ___ + ___
   762 = 381 + 381   849 = ___ + ___   936 = ___ + ___   975 = ___ + ___

Rechne ebenso mit 624, 739, 885, 926, 1 016.

b. 6 000 = 3 000 + 3 000   3 000 = 1 500 + 1 500   4 000 = ___ + ___   7 000 = ___ + ___
   240 = 120 + 120   70 = ___ + ___   120 = ___ + ___   420 = ___ + ___
   6 240 = ___ + ___   3 070 = ___ + ___   4 120 = ___ + ___   7 420 = ___ + ___

Rechne ebenso mit 6 510, 8 250, 8 620, 9 440, 10 050.

2.
a. 904 : 2 = 452   b. 848 : 4   c. 654 : 6   d. 8 072 : 8   e. 4 240 : 4
   900 : 2 = 450   800 : 4   600 : 6   8 000 : 8   4 000 : 4
   4 : 2 = 2   48 : 4   54 : 6   72 : 8   240 : 4

3.
a. 660 : 6   b. 440 : 4   c. 545 : 5   d. 981 : 9   e. 682 : 2
   6 600 : 6   448 : 4   5 055 : 5   9 810 : 9   6 820 : 2
   6 060 : 6   4 048 : 4   5 545 : 5   9 009 : 9   68 200 : 2

4.
a. 894 : 3 = 298   b. 693 : 7   c. 792 : 4   d. 612 : 3   e. 3 998 : 2
   900 : 3 = 300   700 : 7   800 : 4   600 : 3   4 000 : 2

5.
a. 597 : 3   b. 495 : 5   c. 640 : 8   d. 3 996 : 4   e. 5 005 : 5
   796 : 4   515 : 5   6 400 : 8   4 024 : 4   6 030 : 6
   636 : 6   1 015 : 5   6 408 : 8   3 604 : 4   4 907 : 7

6. Eine Musikgruppe erhält für ihren Auftritt 5 740 Euro. Die 7 Musikerinnen teilen sich das Geld. Wie viel Euro erhält jede?

7.

a.
·		60	900
20	6 000		18 000
2	600		
5			

b.
·		20	
50		200	2 000
500			
		100	

c.
·		4	8
200	400		
		2 000	
			8 000

8.

a.
Zahl	3 200	4 100	4 150	5 250	6 500
Zahl · 2					

b.
Zahl	3 000	4 500	5 100	6 600	6 900
Zahl : 2					

9. Wie berechnet man die untere Zahl aus der oberen Zahl?

a.
0	4	5	10	25	33	51	65
1	9	11	21	51	67		

b.
4	5	9	10	20	25	100	0
21	26	46	51	101	126		

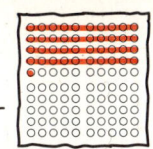

Versorgung und Entsorgung

1.

Hier baut die Stadt einen Abwasserkanal

Neuer Kanal gebaut
Dank des neuen Abwasserkanals wird es in Zukunft in der Neumarktstraße keine überfluteten Keller mehr geben.
Einziger Haken an der Sache: Die Kosten von 45 000 Euro müssen auf 9 Häuser verteilt werden.

Berechne die Kosten pro Haus.

2. 5 Mietparteien wollen sich die Kosten für 2 Biokomposter von zusammen 270 Euro teilen. Wie viel Euro muss jede bezahlen?

3. 5 Nachbarfamilien in Reihenhäusern schaffen sich gemeinsam einen geräuscharmen Rasenmäher für 810 Euro an. Wie viel Euro muss jede bezahlen?

4. Nebenkosten für Mieter entstehen jährlich:

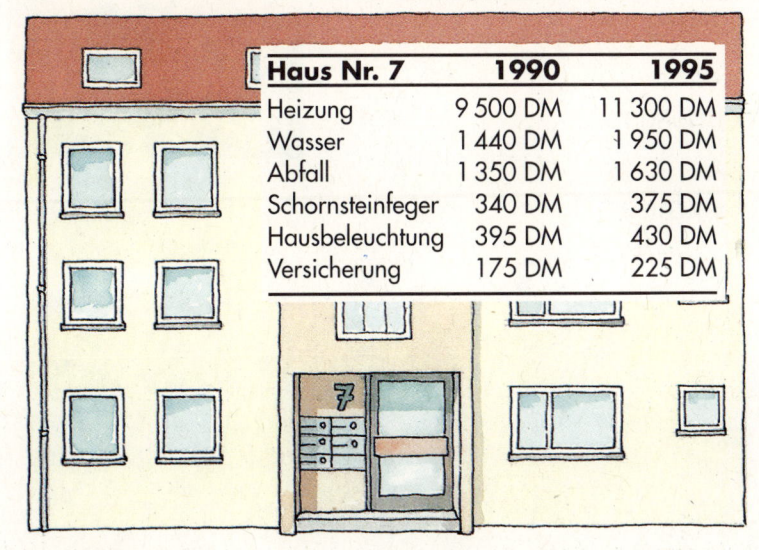

Haus Nr. 7	1990	1995
Heizung	9 500 DM	11 300 DM
Wasser	1 440 DM	1 950 DM
Abfall	1 350 DM	1 630 DM
Schornsteinfeger	340 DM	375 DM
Hausbeleuchtung	395 DM	430 DM
Versicherung	175 DM	225 DM

Im Haus Nr. 7 werden sie bei etwa gleich großen Wohnungen und Familien gleichmäßig auf die 5 Mietparteien verteilt.

a. Wie viel musste jede Mietpartei 1990 und 1995 jährlich bezahlen?

b. Jede Partei hat 1990 monatlich 225,– DM Nebenkosten im Voraus bezahlt. Vergleiche mit der Jahresrechnung.

c. 1995 haben die Mieter pro Monat 250,– DM vorausbezahlt. Bekamen sie Geld zurück?

5. *Wohnung zu vermieten. 3 Zi. KB, Balkon 675,– Euro Kaltmiete und 105,– Euro NK*

3 Studentinnen mieten gemeinsam die Wohnung. Wie viel Miete und Nebenkosten muss jede bezahlen?

6. Berechne die jährlichen Nebenkosten für jeden Mieter.

a.
Haus Nr. 4	8 Mieter
Heizung	8 800 €
Wasser	1 680 €
Müllabfuhr	1 600 €
Schornsteinfeger	296 €
Versicherung	1 760 €

b.
Haus Nr. 5	4 Mieter
Heizung	4 200 €
Wasser	820 €
Müllabfuhr	740 €
Versicherung	640 €
Beleuchtung	210 €

c.
Haus Nr. 9	6 Mieter
Heizung	6 300 €
Wasser	1 290 €
Müllabfuhr	1 230 €
Schornsteinfeger	270 €
Kabelanschluss	180 €

Bald ist Weihnachten!

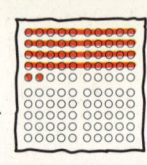

**In den ersten 20 Jahren wächst
eine Tanne 13 cm pro Jahr,
eine Fichte 31 cm pro Jahr.**

**In den nächsten 20 Jahren wächst
eine Tanne 54 cm pro Jahr,
eine Fichte 48 cm pro Jahr.**

1. Schätze.
   a. Wie viele Lichter hat der Weihnachtsbaum?
   b. Wie groß ist der Baum?
   c. Wie viele Jahre brauchte der Weihnachtsbaum, um so groß zu werden?

2. Auf dem Weihnachtsmarkt kann man unterschiedlich große Bäume kaufen. Wie alt sind die Bäume ungefähr?
   a. 1 m große Tanne / 1 m große Fichte
   b. 1,50 m große Tanne / 1,50 m große Fichte
   c. 2 m große Tanne / 2 m große Fichte

3. Tanne 15 Euro pro Meter
Fichte 9 Euro pro Meter

Wie viel Euro kosten die Bäume aus Aufgabe 2?

4 a. **43 m vom Scheitel bis zur Sohle**
Der größte Weihnachtsmann der Welt ist ein aufgeblasener Nikolaus. Er steht in der Schweiz und misst vom Scheitel bis zur Sohle 43 Meter.

Schätze!
Ist der Weihnachtsmann größer als ein 10-stöckiges Wohnhaus?

b. **Riesenstollen**
24 Bäcker haben einen 2 Tonnen schweren und 4 Meter langen Riesenstollen hergestellt. Er wurde beim Dresdner Stollenfest verkauft.

Wie viele Portionen zu je 200 Gramm sind es?

c. **Festtage für Elefanten**
Was beim Baumverkauf am Heiligabend übrig blieb, ist in Berlin alljährliches Festtagsfutter im Tierpark. Die saftigsten Bäume haben die Elefanten – oft in voller Länge – schnell verzehrt, aber auch das Rotwild mag die Bäume gerne.

Was macht ihr mit eurem Weihnachtsbaum?

5. Ein Soma-Würfel als Geschenk.

Du brauchst:
27 Holzwürfel,
Kleber

1 Klebe 3 Würfel so zusammen:

2 Klebe jeweils 4 Würfel so zusammen:

3 Baue aus den 7 Teilen den Soma-Würfel.

6. Das Weihnachtspapier dazu.

Schneide dir aus Pappe eine Sternschablone aus.
Du kannst den Stern durchpausen oder ihn mit Zirkel
und Lineal herstellen (schaue auf Seite 62 nach).
Lege beim Musterzeichnen deine Schablone so an,
dass sich 2 Spitzen berühren.
Male ein Muster und färbe es.

43

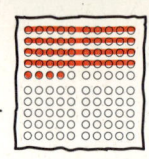

1. Wie viele Stunden hat ein Jahr?

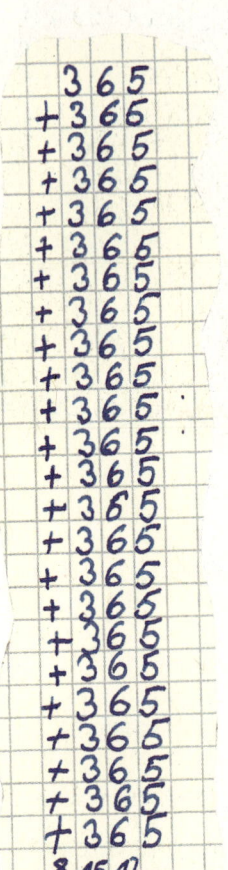

·	300	60	5	
20	6000	1200	100	7300
4	1200	240	20	1460

8760 Stunden

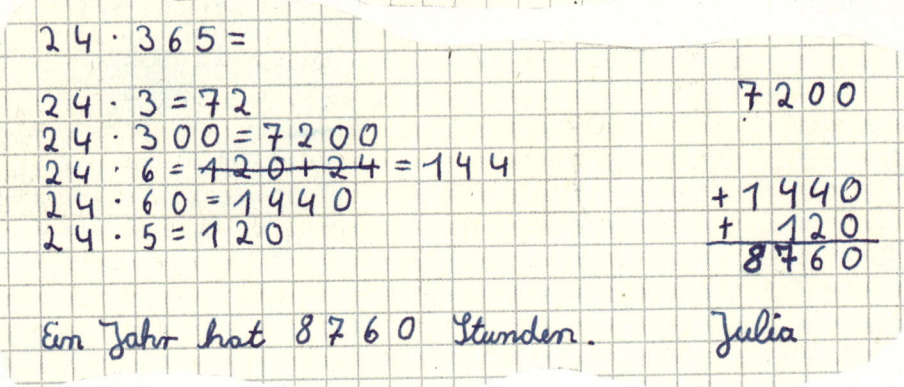

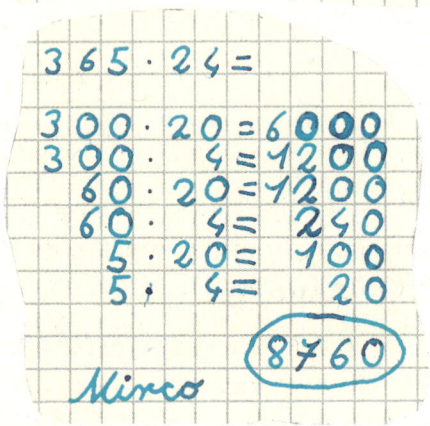

Christian

```
 365
+365
+365
+365
+365
+365
+365
+365
+365
+365
+365
+365
+365
+365
+365
+365
+365
+365
+365
+365
+365
+365
+365
+365
 8 15 12
 8760
```
Nadine

$24 \cdot 365 =$

$24 \cdot 3 = 72$
$24 \cdot 300 = 7200$
$24 \cdot 6 = \cancel{120+24} = 144$
$24 \cdot 60 = 1440$
$24 \cdot 5 = 120$

```
  7200
+ 1440
+  120
  8760
```

Ein Jahr hat 8760 Stunden.   Julia

$365 \cdot 24 =$

$300 \cdot 20 = 6000$
$300 \cdot 4 = 1200$
$60 \cdot 20 = 1200$
$60 \cdot 4 = 240$
$5 \cdot 20 = 100$
$5 \cdot 4 = 20$

(8760)

Mirco

Wie rechnest du?

2. Wie viele Stunden hat a. ein Schaltjahr,
b. ein Monat,
c. eine Woche?

3. Wir freuen uns über die Geburt von **Lukas** am 14.5.1996 Inge und Gerd Pesch

Wie viele Stunden bist du auf der Welt?

Lerchenkopf

Mit dem Lerchenkopf kann man ein Seil an einem Stab befestigen.
Er eignet sich auch für einen kurzen Schal.

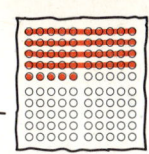

Multiplizieren mit Malstreifen

Im Mittelalter rechneten die alten Rechenmeister Malaufgaben mit Malstreifen.

Für 47 · 3 schrieben sie:

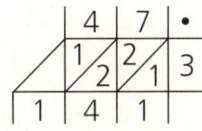

	4	7	·
	1/2	2/1	3
	1	4	1

Beim Rechnen mit den Malstreifen wird ziffernweise einzeln multipliziert. Im Ergebnis sind Einer und Zehner durch eine schräge Linie getrennt. So entsteht ein Gitter.

> Die Malstreifen wurden von dem schottischen Mathematiker *John Neper* (1550 – 1617) erfunden.

1. Schreibe wie im Mittelalter.

a. 9 · 7   9 · 7 = 63
   7 · 8
   9 · 6

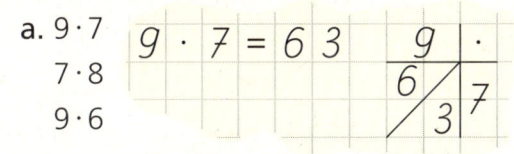

b. 0 · 6   c. 8 · 9
   2 · 3   8 · 4
   4 · 1   5 · 8

2. So haben die alten Rechenmeister die Aufgabe 365 · 24 gerechnet.

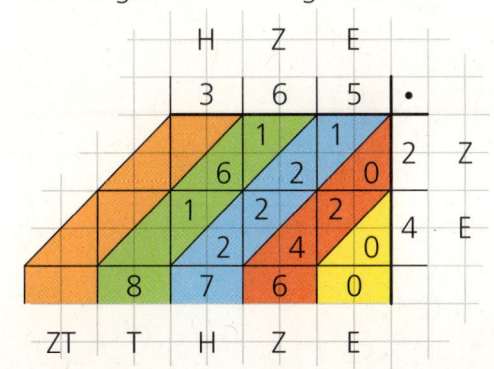

Zuerst wird ziffernweise multipliziert. Die Ergebnisse werden nach Ziffern getrennt in das Gitter geschrieben. Zum Schluss werden die Zahlen in den schrägen Streifen nach **Einern**, **Zehnern**, **Hundertern** und **Tausendern** addiert und ergeben die Einer, Zehner, Hunderter und Tausender des Ergebnisses.

a. Welche Ziffern in der Rechnung ergeben E, Z, H und T?
b. Vergleiche die Rechnung mit Christians Rechnung von Seite 44.

3. Rechne mit Malstreifen.

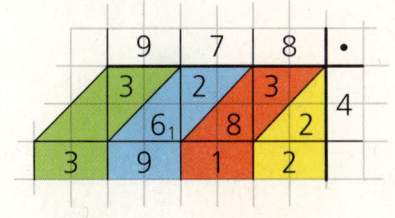

a. 978 · 4
   988 · 6
   998 · 8

b. 347 · 8
   357 · 8
   367 · 8

c. 756 · 9
   656 · 9
   556 · 9

d. 579 · 9
   669 · 8
   759 · 7

4. Rechne mit Malstreifen.

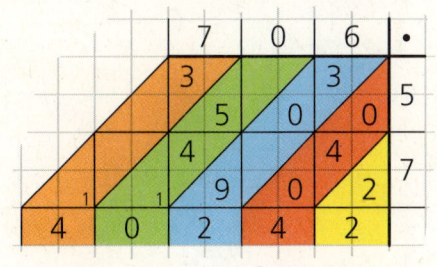

a. 706 · 57
   706 · 67
   706 · 38
   48 · 25
   96 · 25

b. 192 · 25
   384 · 25
   555 · 55
   777 · 77
   999 · 99

5. Rechne mit Malstreifen.

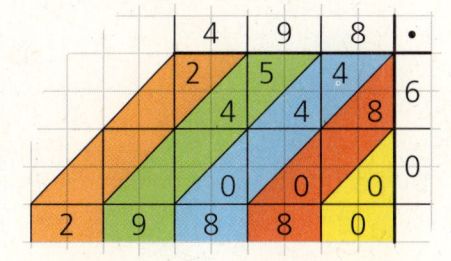

a. 498 · 60
   498 · 6
   498 · 600
   409 · 80
   409 · 800

b. 505 · 66
   505 · 606
   555 · 60
   550 · 600
   550 · 660

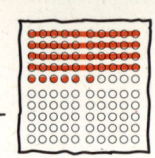

Schriftliche Multiplikation

1. Früher rechnete man so: Heute rechnet man kürzer:

a. 365 · 4 = _____

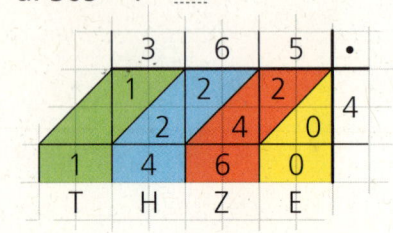

Sprich:
4 · 5 = 20,   schreibe 0, merke 2
4 · 6 = 24, 24 + 2 = 26, schreibe 6, merke 2
4 · 3 = 12, 12 + 2 = 14, schreibe 14

b. 365 · 24 = _____

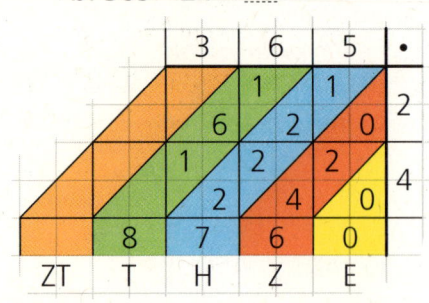

Sprich:
2 · 5 = 10,   schreibe 0, merke 1
2 · 6 = 12, 12 + 1 = 13, schreibe 3, merke 1
2 · 3 = 6,   6 + 1 = 7, schreibe 7
4 · 5 = 20,   schreibe 0, merke 2
4 · 6 = 24, 24 + 2 = 26, schreibe 6, merke 2
4 · 3 = 12, 12 + 2 = 14, schreibe 14

c. 365 · 20 = _____

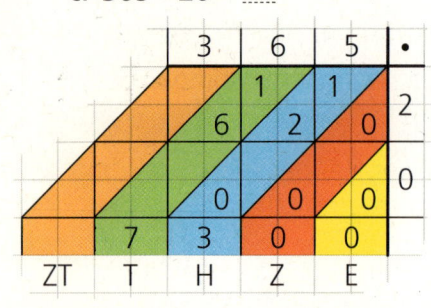

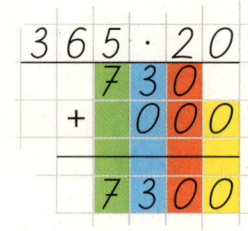

Oder noch kürzer:

2. Rechne zur Probe auch die Tauschaufgabe.

a. 937 · 56   b. 98 · 644
   746 · 83   876 · 94
   597 · 29   57 · 289
   74 · 293   965 · 74
   69 · 374   389 · 74

3. Rechne und vergleiche die Ergebnisse.

a.   58 · 7   b.   58 · 77   c.   58 · 777
     858 · 7   858 · 77   858 · 777
   2 858 · 7   2 858 · 77   2 858 · 777
  42 858 · 7   42 858 · 77   42 858 · 777

4. a. 70 · 70   b. 175 ·   4   c. 205 · 5
       71 · 69   175 · 24   205 · 15
       72 · 68   175 · 44   205 · 25
       73 · 67   175 · 64   205 · 35
       74 · 66   175 · 104   205 · 50

5. Jutta nahm bis zur Führerscheinprüfung 23 Fahrstunden. Eine Stunde kostete 28 Euro. Wie viel Euro musste sie bezahlen?

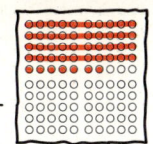

Volles Haus

1.

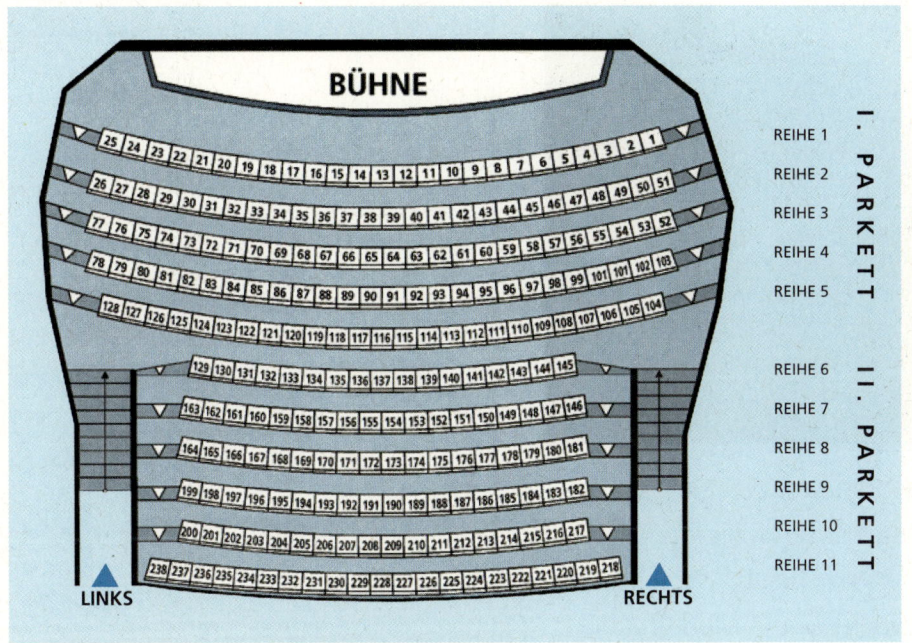

a. Wie viele Sitzplätze gibt es im I. Parkett?

b. Wie viele Sitzplätze gibt es im II. Parkett?

c.

EINTRITTSPREISE
I. Parkett: 18,– Euro
II. Parkett: 16,– Euro

Wie hoch sind die Einnahmen einer Vorstellung bei vollem Haus?

2. Pünktchen und Anton von ERICH KÄSTNER — Spielzeit vom 6.10. bis 12.11.

Wie hoch waren die Einnahmen
a. an den verschiedenen Wochentagen,
b. in der gesamten Woche?

Wochentag	verkaufte Karten I. Parkett	verkaufte Karten II. Parkett
Montag	83	68
Dienstag	79	56
Mittwoch	87	73
Donnerstag	93	64
Freitag	105	79
Samstag	118	83
Sonntag	122	86

3.

Freitag 20:00, Samstag 15:00 und 20:00

Preisklasse	Anzahl der Plätze	Preis
1	290	85,–
2	804	80,–
3	465	75,–
4	74	50,–

Dienstag, Mittwoch, Donnerstag 20:00, Sonntag 15:00 und 20:00

Preisklasse	Anzahl der Plätze	Preis
1	290	65,–
2	804	55,–
3	465	45,–
4	74	35,–

Wie hoch sind die Einnahmen bei vollem Haus
a. samstags 20 Uhr,
b. sonntags 15 Uhr?

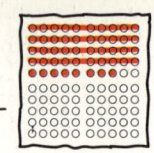

Meterquadrate

1. Auf dem Plan rechts siehst du das Spielfeld des Dortmunder Westfalenstadions auf Millimeterpapier.
1 mm auf dem Plan ist in Wirklichkeit 1 m.
1 Millimeterquadrat entspricht einem Meterquadrat.
a. Wie breit und wie lang ist das Spielfeld?
b. Wie viele Meterquadrate ist das Spielfeld groß?
c. Wie viele Meterquadrate hat der Strafraum?

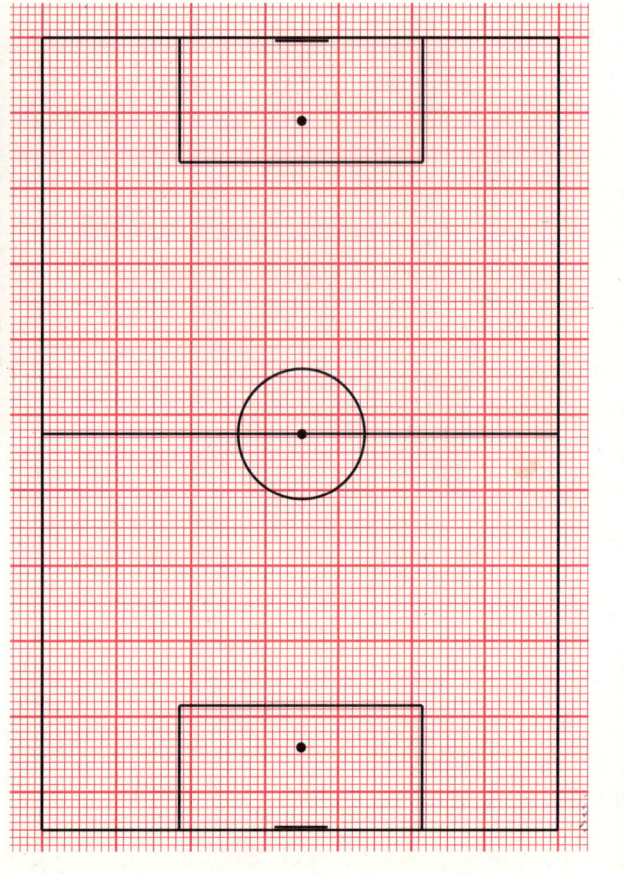

2. Zeichne die Spielfelder auf Millimeterpapier.
Nimm für 1 m in der Wirklichkeit 1 mm in der Zeichnung.
Berechne die Anzahl der Meterquadrate.

Tennisplatz: 36 m lang, 18 m breit
Handballplatz: 42 m lang, 20 m breit
Eishockeyfeld: 58 m lang, 28 m breit
Volleyballfeld: 18 m lang, 9 m breit

3. Große Plätze:

	Länge	Breite
Autobahnkreuz	385 m	350 m
Hubschrauberlandeplatz	20 m	20 m
Flugzeugstartbahn	3 900 m	60 m
Platz des Himmlischen Friedens in Peking	880 m	500 m
Roter Platz in Moskau	390 m	140 m
Central Park in New York	2 400 m	880 m
Platz am Brandenburger Tor in Berlin	220 m	75 m
Wenzelsplatz in Prag	680 m	60 m

Berechne die Anzahl der Meterquadrate.

4. Drei Personen können bequem auf einem Meterquadrat stehen.
Wie viele Personen könnten auf dem Spielfeld des Westfalenstadions Platz finden?

20·4   3·300   5·5000   6·80   7·9000   10·8000   5·700   5·8000
540:9   480:6   3 500:5   560:8   8 100:9   63 000:7   25 000:5   80:4

1.	Kegel	Zylinder	Pyramide	Kugel	Quader	Würfel

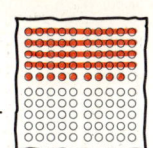

a. Welche dieser Körper erkennst du bei den Hüten wieder?
b. Baue einen Kegel, einen Zylinder und eine Pyramide nach.
c. Suche in deiner Umgebung Gegenstände, die ungefähr die Form dieser Körper haben.

2. Welche Körper sehen von unten, von oben oder von der Seite so aus?
   a. ○   b. □   c. ▭   d. △

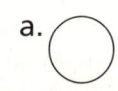

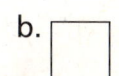

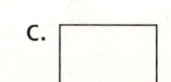

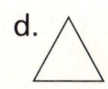

3. Forme aus Knetmasse einen Kegel und einen Würfel. Schneide die Körper in zwei gleiche Teile.

4. Alle Körper sind in zwei gleiche Teile geschnitten. Zu welchen Körpern können die Schnittflächen gehören?
   a. △   b. □   c. ▭   d. ○

   a. Kegel, Pyramide

5. 27 Kinder feiern Fasnacht. Es sind 3 Jungen mehr als Mädchen. Wie viele Jungen und wie viele Mädchen sind es?

Netze der Körper auf Kopiervorlagen.

Überlegen und ausprobieren

Viele Kinder und Erwachsene
wollen bei klirrender Kälte auf dem zugefrorenen See Eis laufen.
An zwei Buden gibt es zum Aufwärmen heiße Getränke und warmes Gebäck.

1 a. Schreibe Preislisten für Waffeln und
für Krapfen.

Waffeln		Krapfen	
Anzahl	Preis	Anzahl	Preis
1	0,60	1	0,90
2	1,20	2	1,80
3		3	
.....		.....	

b. Ein Vater kauft für die Kinder Waffeln und
Krapfen. Er bezahlt 7,50 Euro.
Wie viele Waffeln und wie viele Krapfen
kann er gekauft haben?

c. Weitere Frauen und Männer kaufen nacheinander Gebäck. Sie bezahlen:
1. Person 3,60 Euro, 3. Person 3,00 Euro, 5. Person 4,50 Euro, 7. Person 2,40 Euro,
2. Person 2,70 Euro, 4. Person 4,80 Euro, 6. Person 3,90 Euro, 8. Person 6,00 Euro.
Was können sie gekauft haben?

2 a. Schreibe Preislisten für Tee, Kakao und Glühwein.

b. Eine Mutter holt für die durchgefrorenen Kinder
und Erwachsenen heiße Getränke. Sie bezahlt 9,00 Euro.
Was kann sie gekauft haben?

c. Weitere Frauen und Männer kaufen nacheinander Getränke. Sie bezahlen:
1. Person 3,00 Euro, 3. Person 3,60 Euro, 5. Person 4,50 Euro, 7. Person 2,40 Euro,
2. Person 4,20 Euro, 4. Person 2,70 Euro, 6. Person 5,10 Euro, 8. Person 6,00 Euro.

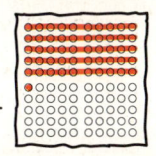

1.

An einem Wintertag werden in einem Stall 15 Tiere gezählt. Es sind Pferde und Fliegen.
Zusammen haben sie 72 Beine.
Wie viele Pferde und wie viele Fliegen sind es?

Wolfgang zeichnet und erklärt:

Antwort: 9 Pferde 6 Fliegen

Es sind zusammen 15 Tiere. Also habe ich 15 Kreise gemalt. Jedes Tier hat mindestens 4 Beine. Dann bleiben noch 12 Beine übrig. Die habe ich noch an 6 Tiere verteilt. Diese Tiere sind dann die Fliegen.
Also sind es 9 Pferde und 6 Fliegen.

Britta rechnet und erklärt:

$6+6+6+6+6+6+6+8+$
$4+4+4+4+4+4+4+4 = 74 \rightarrow 72$

Antwort: 6 Fliegen, 9 Pferde

Zuerst hatte ich 7 Fliegen und 8 Pferde. Da waren es 74 Beine. Das waren 2 zuviel. Deshalb habe ich aus einer Fliege ein Pferd gemacht. Jetzt waren es 2 Beine weniger.

Überlegung: Dominik
8 Fliegen haben 48 Beine
7 Pferde haben 28 Beine   = 76 Beine
7 Fliegen haben 42 Beine
8 Pferde haben 32 Beine   = 74 Beine
6 Fliegen haben 36 Beine
9 Pferde haben 36 Beine   = 72 Beine

Antwort: Es sind 6 Fliegen und 9 Pferde

Überlegung:

Fliegen		Pferde		Summe
6													6	4									4	40
6													6	4									4		60
6													6	4									4	20
6													6	4									4	8	12
			4									4	4	

Antwort:
Im Stall sind 6 Fliegen und 9 Pferde

2. In einem anderen Stall werden 10 Tiere gezählt. Es sind Pferde und Fliegen. Zusammen haben sie 46 Beine. Wie viele Pferde und wie viele Fliegen sind es?

3. Im Tierpark Fauna werden in einem Gehege 18 Tiere gezählt. Es sind Ziegen und Hühner. Zusammen haben sie 58 Beine. Wie viele Ziegen und wie viele Hühner sind es?

4. In einem Stall werden 20 Tiere gezählt. Es sind Kühe und Schwalben. Zusammen haben sie 76 Beine. Wie viele Kühe und wie viele Schwalben sind es?

1 Lösungen der Kinder nachvollziehen.
2 – 4 Textaufgaben auf eigene Weise lösen.

Im Supermarkt

In vielen Supermärkten gibt es in der Obst- und Gemüseabteilung Selbstbedienung. Jede Sorte hat eine eigene Kennzahl. Wenn man die Ware auf die Waage legt und die Kennzahl drückt, wird ein Preiskleber ausgedruckt. Das Gewicht wird in Kommaschreibweise angegeben:
1 kg 140 g ist 1,140 kg.

10 kg	1 kg	100 g	10 g	1 g
	1	1	4	0

1 a. Wie viel Euro kostet 1 kg Bananen?
   b. Wie viel Euro kosten die Bananen?
   c. Wann wurde eingekauft?
   d. Wie viel kg wiegen die eingekauften Bananen?

2. Beantworte ebenso.

a. TRAUBEN — verpackt am: 10.06. — €/kg 6,49 — Nettogewicht 0,506 kg — PREIS 3,28 EURO

b. GOLDEN DELICIOUS — verpackt am: 18.01. — €/kg 1,49 — Nettogewicht 0,574 kg — PREIS 0,86 EURO

c. MANDARINEN — verpackt am: 29.04. — €/kg 1,99 — Nettogewicht 1,046 kg — PREIS 2,08 EURO

3. Überlege mit Hilfe der Stellentafel die richtige Kommaschreibweise.

a. 1017 g
   2150 g
   1429 g
   714 g
   91 g

b. 1 kg 20 g
   15 kg 107 g
   307 g
   2 kg
   11 kg 9 g

c. $\frac{1}{2}$ kg
   $\frac{1}{4}$ kg
   $\frac{1}{8}$ kg
   $\frac{1}{3}$ kg

a.
10 kg	1 kg	100 g	10 g	1 g	
	1	0	1	7	1,017 kg

4.
1 kg Äpfel	1,70 €	2,80 €	1,50 €	1,70 €	1,30 €	1,90 €
$\frac{1}{2}$ kg Äpfel						

Kommaschreibweise bei kg und g verwenden.

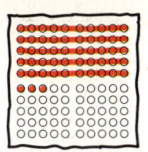

1. Vergleiche die Angebote.
   a. Cornflakes 1 Kg 4,49 €; 500 g 2,49 €; 250 g 1,49 €
   b. Reis 1 Kg 2,19 €; 500 g 1,19 €; 250 g 0,99 €
   c. Milch 1 ℓ 0,68 €; ½ ℓ 0,48 €; 1 ℓ 0,79 €
   d. Spaghetti 1000 g 0,99 €; 500 g 0,49 €; 250 g 0,39 €

2. Vergleiche Original und Nachfüllpackung.
   a. Waschpulver 2 Kg 4,79 €; Nachfüllpack 2 Kg 4,29 €
   b. Spülo 1000 ml 1,49 €; Nachfüllpack 1000 ml 0,99 €
   c. Shampoo 250 ml 1,89 €; Nachfüllpack 250 ml 1,59 €

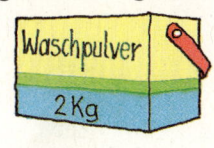

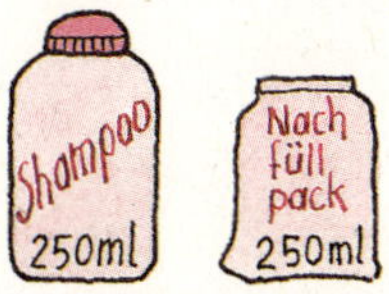

3. Vergleiche.
   a. 0,39 €   1,29 €
   b. 0,29 €   1,39 €
   c. 0,69 €   1,69 €

4. Suche im Supermarkt je drei Waren heraus, die nach Gramm, nach Stück und nach Milliliter verkauft werden.

5. Verwandle in kg und g.
   a. 1 790 g; 2 225 g; 3 750 g; 5 680 g.
   b. 1,015 kg; 4,107 kg; 2,198 kg; 0,125 kg.
   c. 2 · 250 g; 4 · 125 g; 4 · 500 g; 3 · 750 g.
   d. 5 · 500 g; 4 · 825 g; 8 · 125 g; 4 · 250 g.

RECHNE WIE DER BLITZ!

Zahl	5 000	12 000	25 000	35 000	80 000	120 000	250 000	180 000
Zahl · 2								

23 000 + 2 000   48 000 + 2 000   35 000 + 20 000   273 000 + 200 000
51 000 + 8 000   37 000 + 6 000   95 000 + 10 000   401 000 + 500 000

46 000 − 5 000   63 000 − 8 000   35 000 − 20 000   576 000 − 300 000
81 000 − 2 000   77 000 − 9 000   76 000 − 30 000   601 000 − 400 000

10 000 − 1   10 000 − 10   10 000 − 100   1 000 − 1 000   100 000 − 1 000
100 000 − 1   100 000 − 10   10 000 − 1000   10 000 − 10 000   100 000 − 10 000
1 000 000 − 1   1 000 000 − 10   100 000 − 100   10 000 − 100   1 000 000 − 10 000

Schriftliche Division

Die 8 Lottospieler einer Tipp-Gemeinschaft haben zusammen 13 952 Euro gewonnen.
Sie teilen sich den Betrag.
Wie viel Euro erhält jeder?

Angelo rechnet so:

13 952 € : 8 = ____ €
Überschlag: 16 000 : 8 = ____

Angelo hat halbschriftlich gerechnet.

13 952 : 8 =
8 000 : 8 = 1 000
5 952
5 600 : 8 = 700
352
320 : 8 = 40
32
32 : 8 = 4
0

Probe: ____

Bei der schriftlichen Division wird kurz gerechnet, immer Stelle für Stelle.
Überlege deshalb, an welcher Stelle du jeweils bist,
und schreibe die Ziffern richtig untereinander.

ZT	T	H	Z	E		ZT	T	H	Z	E
1	3	9	5	2	: 8 =		1	7	4	4
	8									
	5	9								
	5	6								
		3	5							
		3	2							
			3	2						
			3	2						
				0						

Überlege die Stelle:	Sprich:	Schreibe:
ZT	1 : 8 geht 0-mal	
T	13 : 8 geht 1-mal	**1**
	1 · 8 = 8, bleiben 5	8 Strich 5
H	Hole 9 herunter	9
	59 : 8 geht 7-mal	**7**
	7 · 8 = 56, bleiben 3	56 Strich 3
Z	Hole 5 herunter	5
	35 : 8 geht 4-mal	**4**
	4 · 8 = 32, bleiben 3	32 Strich 3
E	Hole 2 herunter	2
	32 : 8 geht 4-mal	**4**
	4 · 8 = 32, bleiben 0	32 Strich 0

1. Überschlage. Rechne.

a.	735 : 5	b.	812 : 4	c.	26 304 : 2	d.	1 971 : 3	e.	462 : 7	f.	462 : 6
	3 735 : 5		4 812 : 4		26 304 : 4		3 942 : 6		4 662 : 6		4 662 : 7
	43 735 : 5		64 812 : 4		26 304 : 8		5 913 : 9		44 440 : 5		44 440 : 8

2 a. Ein Videorecorder kostet 552 Euro. Er soll in 6 Raten bezahlt werden.
Wie hoch ist die monatliche Rate?

b. Eine Musikanlage soll in Raten bezahlt werden. Der Preis beträgt 2 472 Euro.
Der Kunde bezahlt in 8 Raten. Wie viel Euro muss er pro Rate bezahlen?

c. Ein Computer kostet 2 975 Euro. Die Kundin bezahlt in 5 Raten.
Wie viel Euro muss sie pro Rate bezahlen?

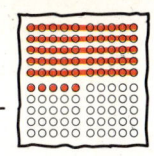

ACHTUNG: Nullen!

Z T	T	H	Z	E		Z T	T	H	Z	E
1	**2**	**0**	**3**	**5**	: 5 =		**2**	**4**	**0**	**7**
1	0									
	2	0								
	2	0								
		0	3							
			0							
			3	5						
			3	5						
				0						

Überlege die Stelle:	Sprich:	Schreibe:
ZT	1 : 5 geht 0-mal	
T	12 : 5 geht 2-mal	**2**
	2 · 5 = 10, bleiben 2	10 Strich 2
H	Hole 0 herunter	0
	20 : 5 geht 4-mal	**4**
	4 · 5 = 20, bleiben 0	20 Strich 0
Z	Hole 3 herunter	3
	3 : 5 geht 0-mal	**0**
	0 · 5 = 0, bleiben 3	0 Strich 3
E	Hole 5 herunter	5
	35 : 5 geht 7-mal	**7**
	7 · 5 = 35, bleiben 0	35 Strich 0

1. Überschlage. Rechne. Vergleiche die Ergebnisse.

	a.	b.	c.	d.	e.	f.
	765 : 3	657 : 3	776 : 4	325 : 5	198 : 6	238 : 7
	756 : 3	576 : 3	8 776 : 4	5 325 : 5	2 004 : 6	2 415 : 7
	675 : 3	567 : 3	87 776 : 4	65 325 : 5	19 998 : 6	24 192 : 7
	g.	h.	i.	j.	k.	l.
	968 : 8	198 : 9	7 272 : 2	29 088 : 3	12 048 : 4	63 763 : 7
	9 768 : 8	1 908 : 9	14 544 : 4	29 088 : 6	15 060 : 5	72 872 : 8
	98 568 : 8	19 089 : 9	29 088 : 8	29 088 : 9	18 072 : 6	81 972 : 9

2.

TRAGKRAFT 675 kg oder 9 Personen

a. Welches Gewicht ist in diesem Aufzug aus Sicherheitsgründen für eine Person durchschnittlich vorgesehen? Berechne.

b. Berechne die vorgesehenen Gewichte pro Person.

Fahrzeug	Tragfähigkeit	Personenzahl
Personenaufzug	450 kg	6
Personenaufzug	640 kg	8
Personenaufzug	900 kg	12
Seilbahn	574 kg	7
Seilbahn	924 kg	11
Pkw	490 kg	5
Kleinbus	972 kg	9
Reisebus	3 330 kg	30
Stadtbus	3 850 kg	50
Segelflugzeug	216 kg	2

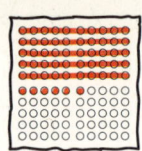

Einwohnerzahlen der Bundesländer

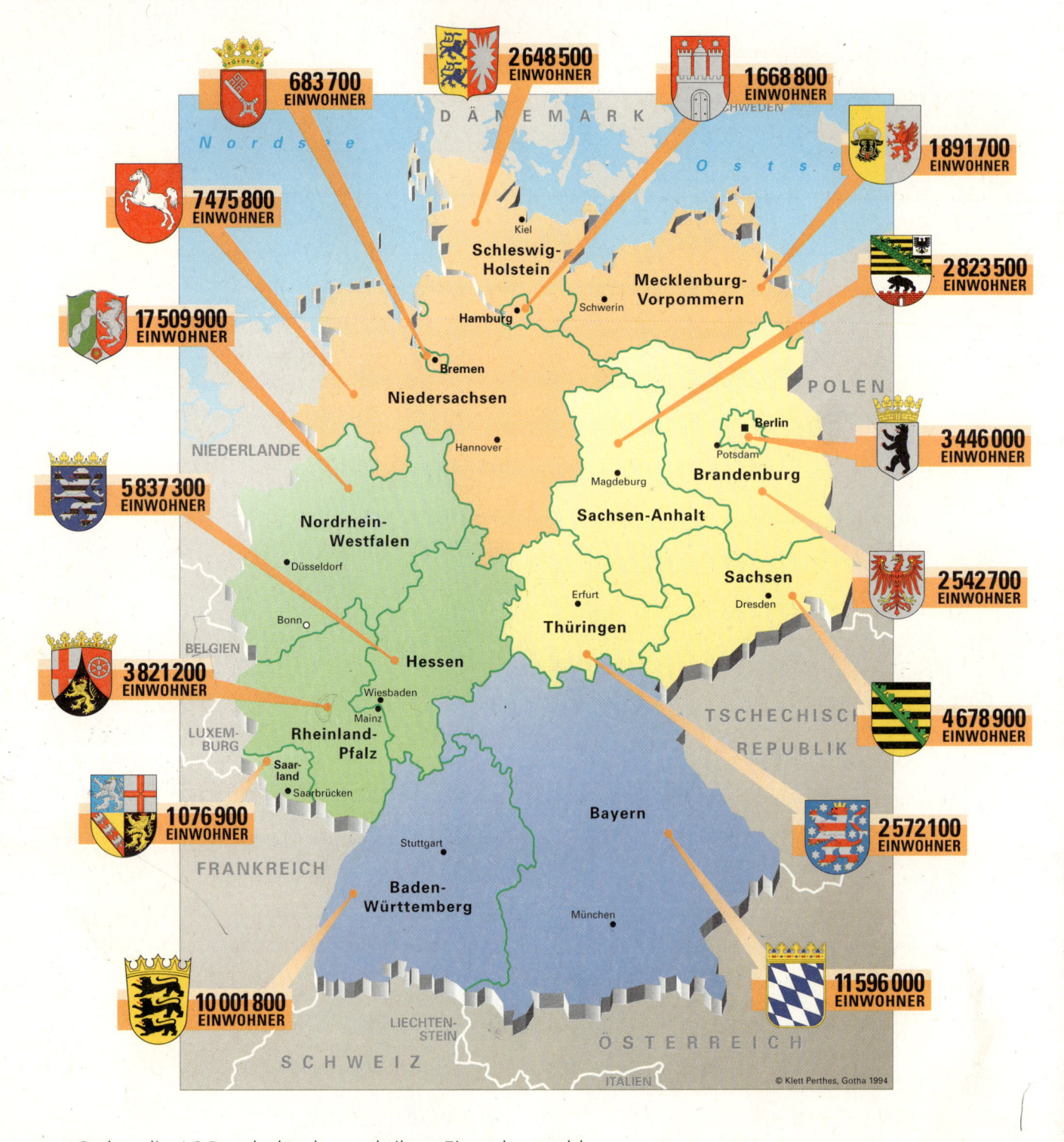

Bremen: 683 700 Einwohner
Schleswig-Holstein: 2 648 500 Einwohner
Hamburg: 1 668 800 Einwohner
Mecklenburg-Vorpommern: 1 891 700 Einwohner
Niedersachsen: 7 475 800 Einwohner
Sachsen-Anhalt: 2 823 500 Einwohner
Nordrhein-Westfalen: 17 509 900 Einwohner
Berlin: 3 446 000 Einwohner
Hessen: 5 837 300 Einwohner
Brandenburg: 2 542 700 Einwohner
Rheinland-Pfalz: 3 821 200 Einwohner
Sachsen: 4 678 900 Einwohner
Saarland: 1 076 900 Einwohner
Thüringen: 2 572 100 Einwohner
Baden-Württemberg: 10 001 800 Einwohner
Bayern: 11 596 000 Einwohner

Ordne die 16 Bundesländer nach ihrer Einwohnerzahl.

Runde auf ganze und halbe Millionen.

Schreibe in eine Tabelle.

Bundesland	Einwohnerzahl	gerundet
Nordrhein-Westfalen	17 509 900	17,5 Millionen
Bayern	11 596 000	11,5 Mill.
.....		

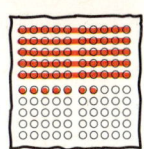

1. Wie viele Einwohner leben in den **nördlichen** Bundesländern?

		Überschlag in Mill.
Schleswig-Holstein	2 648 500	2,5
Mecklenburg-Vorpommern	1 891 700	2,0
Hamburg	1 668 800	1,5
Bremen	683 700	0,5
Niedersachsen	+ 7 475 800	+ 7,5

2. Rechne ebenso. Wie viele Einwohner leben
a. in den **östlichen** Bundesländern?
b. in den **südlichen** Bundesländern?
c. in den **westlichen** Bundesländern?
d. in der gesamten Bundesrepublik Deutschland?

3.

Grundschüler in der Bundesrepublik Deutschland

Bundesland	1990	2000
Schleswig-Holstein	99 200	117 600
Mecklenburg-Vorpommern	123 000	35 300
Hamburg	47 500	65 700
Bremen	23 500	34 100
Niedersachsen	295 400	372 400
Sachsen-Anhalt	148 700	57 100
Brandenburg	146 800	45 500
Berlin	141 700	120 700
Thüringen	141 200	53 500
Sachsen	242 700	105 600
Baden-Württemberg	406 000	519 000
Bayern	466 700	562 500
Nordrhein-Westfalen	702 400	883 500
Rheinland-Pfalz	155 800	229 900
Saarland	41 400	46 900
Hessen	222 800	278 700

Zahlen gerundet auf Hundert.

Prognose für das Jahr 2010:
Ungefähr 2 870 000 Kinder werden in die Grundschule gehen.

Woher wusste man bereits 1995, wie viele Schülerinnen und Schüler im Jahr 2 000 in die Grundschule gehen werden?

4. Ordne die 16 Bundesländer nach ihrer Grundschülerzahl
a. für das Jahr 1990,
b. für das Jahr 2000.
Schreibe jeweils in eine Tabelle.

Bundesland	Jahr 1990
Nordrhein-Westfalen	702 400
Bayern	
.....	

5. Vergleiche die Grundschülerzahlen der Jahre 1990 und 2000.
a. Wo ist die Zahl gestiegen?
b. Wo ist die Zahl gefallen?
c. Berechne die Unterschiede für jedes Bundesland.

6. a. Wie viele Grundschüler gab es 1990 insgesamt?
b. Wie viele Grundschüler wird es im Jahr 2000 insgesamt geben?
c. Berechne den Unterschied.

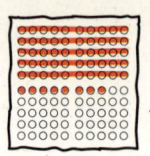

1. Lege mit den Ziffernkarten ⎡2⎤ ⎡4⎤ ⎡6⎤ ⎡8⎤
   zwei zweistellige Zahlen und multipliziere sie.

   ⎡2⎤⎡4⎤ · ⎡6⎤⎡8⎤   24 · 68

   a. Finde weitere Aufgaben.
   b. Lege die Aufgabe mit dem kleinsten Ergebnis.
   c. Lege die Aufgabe mit dem größten Ergebnis.

2. Lege mit den Ziffernkarten ⎡1⎤ ⎡2⎤ ⎡3⎤ ⎡4⎤ ⎡5⎤ ⎡6⎤
   zwei dreistellige Zahlen und multipliziere sie.

   ⎡1⎤⎡6⎤⎡2⎤ · ⎡5⎤⎡3⎤⎡4⎤   162 · 534

   a. Finde weitere Aufgaben.
   b. Lege die Aufgabe mit dem kleinsten Ergebnis.
   c. Lege die Aufgabe mit dem größten Ergebnis.
   d. Wähle andere Ziffernkarten und rechne ebenso.

3. a. 375 · 375   b. 376 · 376   c. 377 · 377
      376 · 374   377 · 375   378 · 376

   d. 378 · 378   e. 379 · 379
      379 · 377   380 · 378

4. Schöne Ergebnisse.
   a. 37 037 · 15   b. 271 · 205
      37 037 · 18   271 · 246
      37 037 · 21   271 · 287
      37 037 · 24   271 · 328
      37 037 · 27   271 · 369

5. Rechne über die Million hinaus.
   a. 1 $\xrightarrow{\cdot 2}$ 2 $\xrightarrow{\cdot 3}$ ___ $\xrightarrow{\cdot 4}$ ___ $\xrightarrow{\cdot 5}$ ___
   b. 10 $\xrightarrow{\cdot 9}$ 90 $\xrightarrow{\cdot 8}$ ___ $\xrightarrow{\cdot 7}$ ___ $\xrightarrow{\cdot 6}$ ___

   c. Wie viele Rechnungen musstest du jeweils durchführen, bis du die Million überschritten hattest?

Aus einem alten Rechenbuch:

6.
In einem Gasthof sind 8 Kammern.
In jeder Kammer stehen 12 Betten.
In jedem Bett liegen 3 Gäste.
Jeder Gast gibt dem Wirt 6 Pf Schlafgeld.
Wie viel Schlafgeld bekommt der Wirt?

7.
Einst ging ich nach Wesel,
da begegneten mir ein Mann und 7 Esel,
jeder Esel trug einen Korb,
in jedem Korb waren 7 Katzen,
jede Katze hatte 7 Kätzchen.
Kätzchen, Katze, Mann, Esel –
Wie viele gingen nach Wesel?

8.
Ein Mann hat **vier** Söhne.
Jedem Sohn gibt er **fünf** Häuser.
In jedem Haus sind **sechs** Kammern.
In jeder Kammer stehen **sieben** Kisten.
In jeder Kiste sind **acht** Laden.
In jeder Lade sind **neun** Beutel.
In jedem Beutel sind **zehn** kleine Beutel.
In jedem kleinen Beutel sind **elf** Pfennige.

Wie viele Pfennige hat der Vater
an seine Söhne verschenkt?

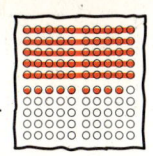

Überlegen und probieren

1. Ein Gartenteich wird mit einem Schlauch innerhalb von 1 Stunde und 25 Minuten gefüllt. Hans möchte wissen, wie viel Wasser insgesamt in den Teich gelangt ist.
Er fängt dazu das Wasser aus dem Schlauch in Haushaltseimern auf. Er kann in einer Minute fast 2 Eimer füllen.
Wie viel Liter Wasser sind etwa im Teich?
Schätze und rechne.

2. Eine Gartenschaukel soll gebaut werden. Wie viel Meter Seil werden ungefähr benötigt?
Im Baumarkt gibt es 10-m-, 25-m- und 50-m-Rollen. Welche Rolle würdest du kaufen?

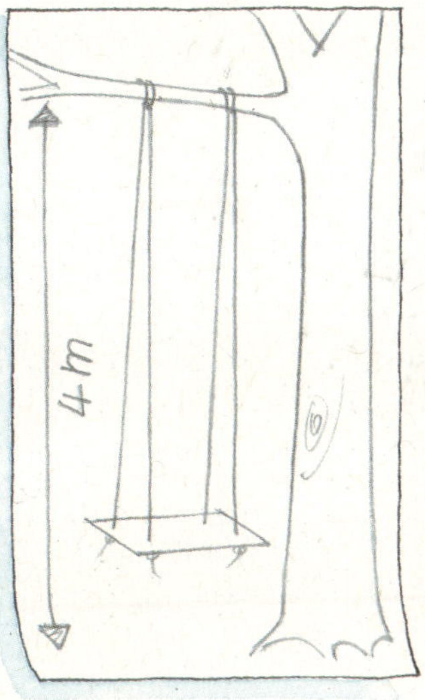

3. Vier Kinder fahren mit dem Fahrrad.

Annika fährt 40 Kilometer in $1\frac{1}{2}$ Stunden.
Peter fährt 30 Kilometer in 2 Stunden.
Lena fährt 40 Kilometer in 2 Stunden.
Hannes fährt 30 Kilometer in $1\frac{1}{2}$ Stunden.

a. Wer fährt am schnellsten?
b. Wer fährt am langsamsten?
c. Ordne nach den Geschwindigkeiten.

4. Ein Esel und ein Maultier sind mit schweren Säcken beladen. Sie trotten nebeneinander her. Dabei stöhnt der Esel fürchterlich unter der großen Last.
Das Maultier spricht zu ihm: „Warum stöhnst du so? Ich trage doch mehr Säcke als du. Nähmst du mir einen Sack ab, dann hätten wir gleich viele Säcke auf dem Rücken.
Gäbst du mir aber einen Sack ab, so hätte ich doppelt so viele Säcke wie du."
Versuche herauszufinden, wie viele Säcke das Maultier und der Esel tragen.

5. Von Montag bis Freitag wurden auf einer Weide zusammen 60 Schäfchen geboren.
Am Dienstag waren es drei mehr als am Montag, am Mittwoch wieder drei mehr als am Dienstag, am Donnerstag wieder drei mehr als am Mittwoch, am Freitag drei mehr als am Donnerstag.
Kannst du herausfinden, wie viele Schäfchen an den einzelnen Wochentagen geboren wurden?

Denkaufgaben in Gruppenarbeit durch wiederholtes Ausprobieren lösen.

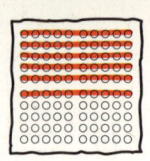

Rechnen mit Kommazahlen

1. Berechne die Summe.

a.
22,95
7,38
SUMME

b.
138,90
17,88
SUMME

c.
91,95
7,28
12,60
SUMME

d.
134,18
75,73
26,08
SUMME

e.
247,47
186,42
72,05
1,12
SUMME

2. Die Nils Holgersson ist Deutschlands größte Fähre. Sie fährt von Travemünde nach Trelleborg in Schweden, das sind 116 Seemeilen. Entfernungen auf hoher See werden immer in Seemeilen gemessen.
Eine Seemeile ist 1852 m oder
1 km 852 m oder
1,852 km lang.

1 km	100 m	10 m	1 m
1	8	5	2

a. Wie viel km sind 1, 2, 3, 4, ..., 10 Seemeilen? Lege eine Tabelle an.
b. Vergleiche die Werte für 1 Seemeile und für 10 Seemeilen an der Stellentafel.
c. Kannst du auch berechnen, wie viel km 100 Seemeilen sind?
d. Wie viel km fährt das Schiff Nils Holgersson von Travemünde nach Trelleborg?

a.
Anzahl der Seemeilen	Länge in km
1	1,852
2	3,704
3	

NR:
1,852
1,852
―――
3,704

3. Guthaben auf der Telefonkarte

am Anfang   15,63 Euro
am Ende   9,78 Euro

Wie teuer war das Gespräch?

Ute überlegt und rechnet so:

Guthaben alt   15,63
Guthaben neu − 9,78
―――――――――

4. Berechne die Differenz.

a. 167,55
  − 86,67
  ―――――

b. 428,92
  − 115,47
  ―――――

c. 999,22
  − 18,57
  ―――――

d. 1073,50
  − 324,25
  ―――――

e. 128,79
  − 69,13
  ―――――

f. 456,78
  − 98,76
  ―――――

Schriftliche Addition und Subtraktion sinngemäß auf Kommazahlen übertragen.

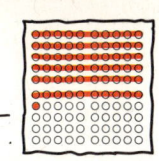

Der Zirkus Fantastico gibt ein achttägiges Gastspiel in Düsseldorf.
Zum Zirkus gehören 23 Artisten, 9 Tiger, 6 Elefanten und 8 Pferde.
Das tägliche Futter für die Tiere liefert
ein Großhändler.

Tagespreise
1 kg Fleisch   4,38 €
1 Ballen Heu   2,26 €
1 kg Brot   0,24 €
1 Eimer
Rübenschnitzel 0,68 €
1 kg Hafer   0,21 €

Tägliches Futter pro Tier
Tiger: 1 kg Fleisch
Elefant: 3 Ballen Heu,
          10 kg Brot, 3 Eimer
          Rübenschnitzel
Pferd: ¼ Ballen Heu,
          5 kg Hafer

1. Wie hoch sind die täglichen Futterkosten für die Tiger?
Überschlag: 4 € · 9 = 36 €

David verwandelt in Cent:
4,38 € = 438 Cent

438 · 9
―――――
 3942

3942 Cent = 39,42 €

Ina rechnet mit Malstreifen:

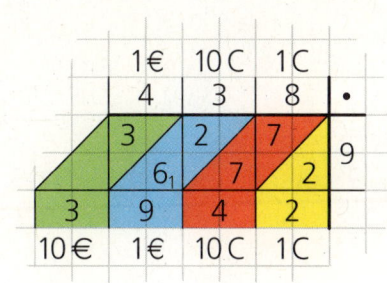

Ali rechnet schriftlich:
4,38 € · 9 = _____

4,38 · 9
―――――
 39,42

2. Überschlage und rechne genau. Wie hoch sind die täglichen Futterkosten
   a. für die Elefanten,   **b.** für die Pferde,   **c.** für alle Tiere gemeinsam?

3. Wie teuer ist das Futter für alle Tiere für das achttägige Gastspiel?

4. Überschlage erst, rechne dann genau.   3,48 · 6;   4,83 · 9;   9,38 · 5;   5,63 · 7;   8,27 · 8.

RECHNE WIE DER BLITZ!

In 4 Schritten bis	a. 1000	b. 10 000	c. 100 000	d. 1 000 000	a. 250,
In 5 Schritten bis	a. 1000	b. 10 000	c. 100 000	d. 1 000 000
Immer 1 000 000	a. 600 000 + ____	b. 70 000 + ____	c. 432 000 + ____	d. 301 000 + ____
	650 000 + ____	470 000 + ____	532 000 + ____	310 000 + ____
	645 000 + ____	870 000 + ____	642 000 + ____	311 000 + ____

Schriftliche Multiplikation sinngemäß auf Kommazahlen übertragen.

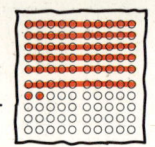

Zirkel

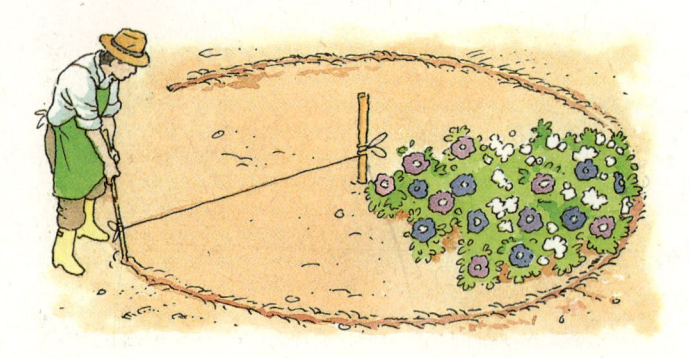

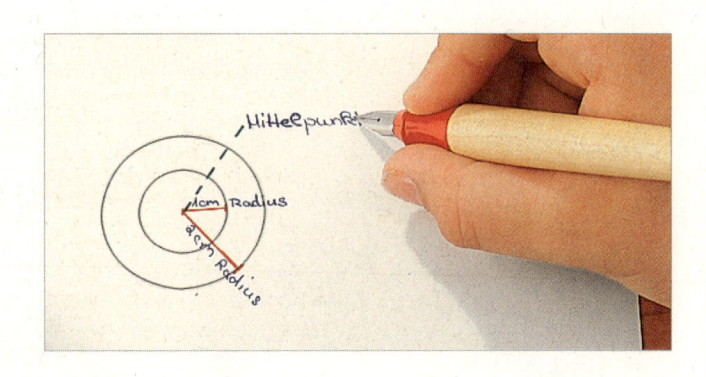

1. Wo findest du in deiner Umgebung Kreise?

2a. Zeichne mit einem Zirkel um einen Mittelpunkt verschieden große Kreise.
  b. Stelle den Zirkel auf einen Radius von 1 cm (2 cm, 3 cm, 4 cm) ein und zeichne einen Kreis.

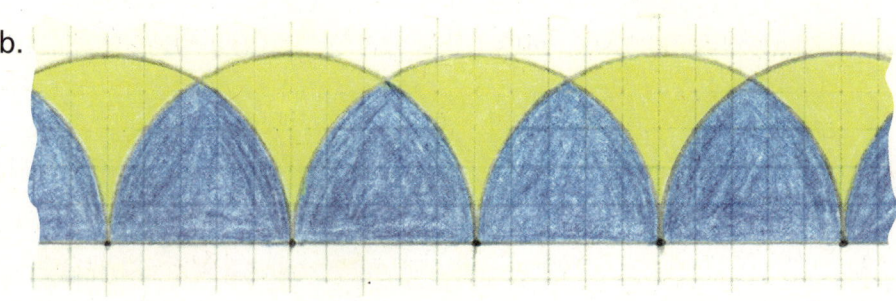

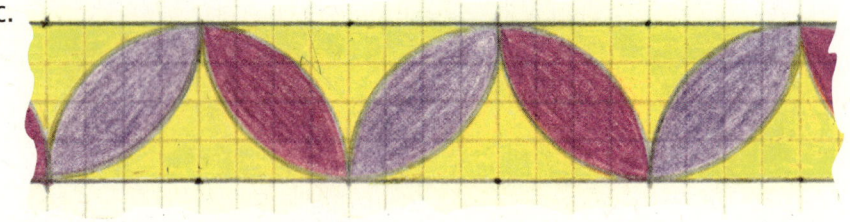

3. Zeichne nach.
  a.
  b.
  c.
  d. Denke dir eigene Muster aus.

4. Zeichne einen Sechsstern.

  ● Zeichne einen Kreis mit dem Radius 1,5 cm.

  ● Zeichne außen herum 6 Kreisbögen mit dem gleichen Radius.

  ▲ Verbinde die Schnittpunkte mit einem Lineal.

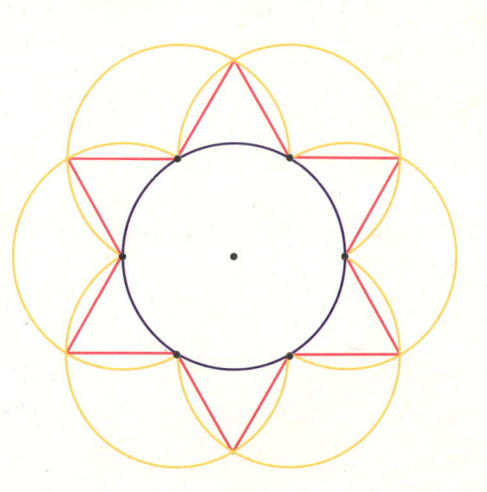

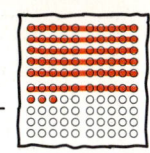

Geodreieck

1 a. Nimm ein beliebiges Stück Papier und falte es. Du erhältst eine gerade Faltkante. Du kannst sie als Lineal benutzen.

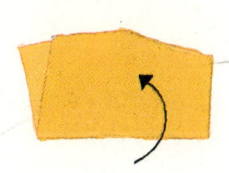

Lege die Faltkante an Gegenstände und prüfe, ob sie gerade sind.
Zeichne mit der Faltkante gerade Linien.

b. Falte die beiden Enden der Faltkante aufeinander. Du erhältst eine neue Faltkante. Diese steht senkrecht auf der ersten Faltkante. Es entsteht ein rechter Winkel.

Lege den rechten Winkel an Gegenstände und prüfe, wo rechte Winkel sind.
Zeichne rechte Winkel.

c. Öffne das Stück Papier. Zeichne mit dem Zirkel einen Kreis um das Faltkreuz.

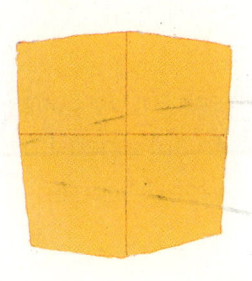

Wo entdeckst du rechte Winkel?

d. Verbinde die 4 Schnittpunkte. Du erhältst ein Quadrat. Schneide es aus.

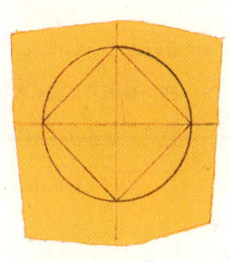

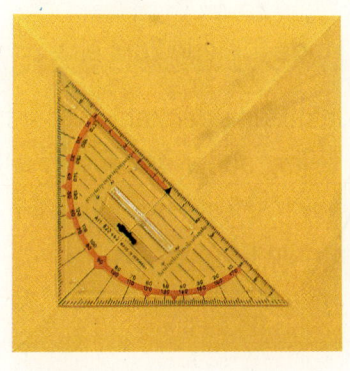

Wo entdeckst du beim Quadrat rechte Winkel?

2. Das Geodreieck ist ein halbes Quadrat. Mit ihm kannst du gerade Linien und rechte Winkel zeichnen.
Zeichne mit dem Geodreieck
a. rechte Winkel,
b. ein Quadrat und ein Rechteck.

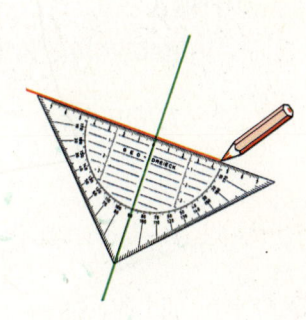

3. Zeichne nach. Benutze das Geodreieck und den Zirkel.

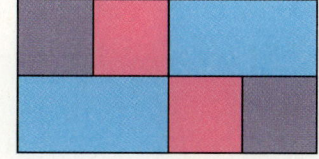

a.

b.

c.

d. Denke dir eigene Muster aus.

63

Division mit und ohne Rest

```
7688 : 5 = 1537 Rest 3
5
26
25         Probe:
 18         1537 · 5
 15         ─────────
  38         7685
  35
   3        7685 + 3 = 7688
```

1. Rechne ebenso. Mache die Probe.

a. 3 703 : 3	b. 6 172 : 5	c. 18 269 : 4	d. 25 928 : 6	e. 27 157 : 4	f. 24 127 : 7
7 037 : 3	11 728 : 5	13 826 : 4	8 641 : 7	28 392 : 5	24 127 : 8
10 369 : 3	17 284 : 5	9 383 : 4	18 764 : 8	27 405 : 6	24 127 : 9
g. 3 583 : 4	h. 9 268 : 7	i. 12 142 : 5	j. 4 314 : 3	k. 12 435 : 3	l. 13 647 : 4
3 975 : 5	10 592 : 8	13 968 : 6	5 754 : 4	12 435 : 4	13 647 : 5
4 172 : 6	11 916 : 9	15 599 : 7	7 194 : 5	12 435 : 5	13 647 : 6

2. Was passiert mit dem Rest?
   a. 8 Kinder kaufen gemeinsam ein Geburtstagsgeschenk für 36 Euro.
   b. 2 130 Autos sollen verladen werden. 8 Autos passen auf einen Transporter.
   c. Ein Zirkus verteilt 1 300 Karten für die Tierschau an die 7 Schulen eines Ortes.

3. 200 201 202 203 204 205 206 207 208 209 210   212 213 214 215 216 217 218 219

Versuche diese Zahlen ohne Rest durch 2 oder 3 oder 4 ..... zu teilen. Finde für jede Zahl eine Divisionsaufgabe ohne Rest.

200 : 2 = 100
    200 ist durch 2 teilbar.
209 : 11 = 19
    209 ist durch 11 teilbar.

Die fehlende Zahl 211 ist durch keine der Zahlen 2, 3, 4, 5, ... ohne Rest zu teilen, außer durch sich selbst. Zahlen über 1, die nur durch sich selbst und durch 1 ohne Rest teilbar sind, nennt man **Primzahlen**. Die Zahl 211 ist also eine Primzahl.

4. Versuche auch folgende Zahlen ohne Rest zu teilen: 13, 23, 33, 43, 63.
Welche dieser Zahlen sind Primzahlen?

5. Welche Zahlen der Hundertertafel haben
   a. beim Dividieren durch 5 den Rest 0,
   b. beim Dividieren durch 5 den Rest 2,
   c. beim Dividieren durch 5 den Rest 2 und durch 2 den Rest 1,
   d. beim Dividieren durch 10 den Rest 3?

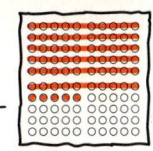

Division von Größen

4 Kinder machen zusammen eine Urlaubsfahrt.
Sie bezahlen alle zusammen 218,20 Euro.
Wie viel Euro muss jedes Kind bezahlen? Überschlage zuerst.

Überschlag: 200 € : 4 = 50 €

Aufgabe: 218,20 € : 4
218,20 € = 21820 ct

21820 : 4 = 5455
20
 18
 16
  22
  20
   20
   20
    0

5455 ct = 54,55 €

Jeder muss
54,55 €
bezahlen.

Probe: 5455 · 4
       21820

1 a. 3 Freunde zahlen für eine Fahrt zusammen 1 318,50 Euro.
Wie viel Euro muss jeder bezahlen?

b. 5 Freundinnen bezahlen für eine gemeinsame Fahrt 726,00 Euro.
Wie viel Euro muss jede bezahlen?

2. Überschlage. Rechne. Mache die Probe.

a.	b.	c.	d.	e.
20,88 € : 6	125,60 € : 2	275,60 € : 4	34,40 € : 2	897,00 € : 3
38,36 € : 7	188,40 € : 3	315,20 € : 4	68,80 € : 4	897,00 € : 6
59,84 € : 8	251,20 € : 4	354,80 € : 4	101,60 € : 8	747,50 € : 5
85,32 € : 9	314,00 € : 5	394,40 € : 4	38,10 € : 3	598,00 € : 4
7,40 € : 5	622,16 € : 7	434,00 € : 4	76,20 € : 6	598,00 € : 2

3 a. Igor bezahlt für 4 Liter Milch 2,72 Euro.
Wie viel Euro kostet 1 Liter?

b. Für 7 Roggenbrötchen berechnet die Bäckerin 2,66 Euro.
Wie viel Euro kostet 1 Brötchen?

c. Im Sonderangebot kosten 5 Tafeln Schokolade 3,40 Euro.
Der Einzelpreis einer Tafel ist 0,75 Euro.
Wie viel spart man beim Angebot bei jeder Tafel?

d. Im Kasten erhält man 6 Flaschen Orangensaft für 3,78 Euro.
Wie viel Euro bezahlt man für 1 Flasche?

Division von Größen (Kommazahlen)
am Beispiel der Geldwerte durchführen.

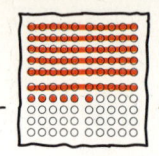

Bald ist Ostern!

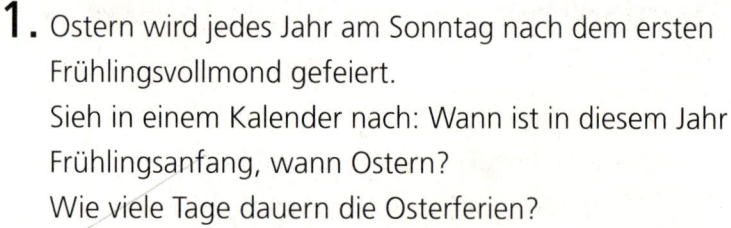

1. Ostern wird jedes Jahr am Sonntag nach dem ersten Frühlingsvollmond gefeiert.
Sieh in einem Kalender nach: Wann ist in diesem Jahr Frühlingsanfang, wann Ostern?
Wie viele Tage dauern die Osterferien?

Kalenderblätter:
- März 18 — SA 6.37, SU 18.26
- März 19 — SA 6.35, SU 18.27
- März 20 — SA 6.33, SU 18.29
- März 21 — SA 6.31, SU 18.31
- März 22 — SA 6.28, SU 18.32
- März 23 — SA 6.26, SU 18.34
- März 24 — SA 6.24, SU 18.36

2. An welchem Tag ist der früheste
  a. Sonnenaufgang (SA)?
  b. Sonnenuntergang (SU)?
  c. Berechne die Tageslängen in Stunden und Minuten.

3. In Basel beginnt die Apfelblüte
ungefähr   am 15.4.,
in Karlsruhe   am 23.4.,
in Bonn   am 28.4.,
in Hannover   am 5.5.,
in Hamburg   am 15.5.,
in Flensburg   am 23.5. 
Wie viele Wochen beginnt die Apfelblüte in Hamburg später als in Bonn?

4.

Petersilie	Schnittlauch	Radieschen
14 – 21 Tage	7 – 15 Tage	6 – 10 Tage
Löwenzahn	Vergissmeinnicht	Sonnenblumen
7 – 21 Tage	5 – 12 Tage	3 – 7 Tage

Samen benötigen unterschiedlich viel Zeit, bis sie keimen. Eine Schulklasse hat am 24.3. den Samen gesät. Wann können die Kinder die ersten Keimlinge sehen?

5. Vögel brüten unterschiedlich lange.

Kohlmeise ≈ 14 Tage
Sperling ≈ 13 Tage 
Buntspecht ≈ 13 Tage 
Elster ≈ 18 Tage 
Mäusebussard ≈ 34 Tage 

Die Försterin beobachtete, dass die Kohlmeise am 29.3. zu brüten anfing. Wann schlüpfen die Jungen?

6. Zwei Osterhasen unterhalten sich:
„Gäbst du mir 10 Ostereier von deinen, so hätte ich doppelt so viele Eier wie du. Gäbe ich dir 10 Ostereier von meinen, so hätten wir gleich viele Eier."
Wie viele Eier hat jeder Osterhase?

7. Ein Osterhase hat 70 Ostereier. Sie sind blau, rot oder gelb. Es sind doppelt so viele blaue wie rote und doppelt so viele gelbe wie blaue. Wie viele Eier hat er von jeder Farbe?

Die Daten sind ungefähre Durchschnittswerte.

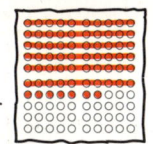

Beobachtung des Schattens

1. Füllt einen Eimer mit Sand. Steckt einen Besenstiel kerzengerade in den Sand. Stellt bei Sonnenschein den Eimer mit dem Stab auf den Schulhof und beobachtet den Schatten. Was fällt auf?

    a. Markiert 20 Minuten lang alle 2 Minuten mit Kreide die Schattenspitze des Stabes.

    b. Markiert an einem Schultag alle 15 Minuten die Schattenspitze des Stabes.

2. In welche Himmelsrichtung zeigt der Schatten, wenn die Sonne am höchsten steht?

> **Je höher die Sonne steht, desto kürzer ist der Schatten.**

Schattenspiele

3. a. Gehe auf den Schulhof und beobachte deinen Schatten. Wo steht die Sonne?
    b. Stellt euch in einen Kreis. Wohin zeigen eure Schatten?
    c. Bildet eine Reihe, indem ihr euch auf den Schattenkopf eines anderen Kindes stellt.

4. a. Versuche mit einem Schirm einen möglichst großen Schatten herzustellen.
    b. Schneide aus Karton einen großen Kreis, ein großes Dreieck und ein großes Quadrat. Bewege die Formen und beobachte die Schatten.

5. a. Messt euren Schatten morgens und mittags.
    b. Vergleicht die Schattenlängen mit eurer Körpergröße.
    c. Kannst du auch ohne fremde Hilfe die Länge deines eigenen Schattens messen?

6. a. Stellt einen Meterstab auf und messt die Länge seines Schattens.
    b. Nehmt zwei Meterstäbe, haltet sie übereinander und messt die Länge des Schattens.
    c. Vergleicht die beiden Schattenlängen.

7. Gehe abends um eine Straßenlaterne herum und beobachte deinen Schatten.

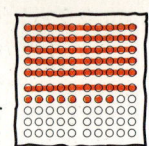

Einzelpreis – Gesamtpreis

1. 1 Heft kostet 0,49 Euro.   **a.** Wie viel Euro kosten 4 Hefte?

Sinem:

1 Heft kostet 0,49 €.
4 Hefte kosten 0,49 € · 4

NR: 0,49 · 4
       1,96

4 Hefte kosten 1,96 Euro.

Julia:

Einzelpreis · Anzahl = Gesamtpreis
(0,49 €) · (4)

Wie rechnest du?

b. Wie viel Euro kosten 3 Hefte, 6 Hefte, 5 Hefte?

2. a. 1 Zeichenblock kostet 0,89 Euro.
Wie viel Euro kosten 2, 4, 7, 3 Zeichenblöcke?

b. 1 Pinsel kostet 0,59 Euro.
Wie viel Euro kosten 3, 5, 7, 4 Pinsel?

c. 1 Bleistift kostet 0,85 Euro.
Wie viel Euro kosten 5, 6, 3, 9 Bleistifte?

d. 1 Anspitzer kostet 0,79 Euro.
Wie viel Euro kosten 4, 6, 8, 10 Anspitzer?

3. Übertrage den Kassenzettel in dein Heft und vervollständige.

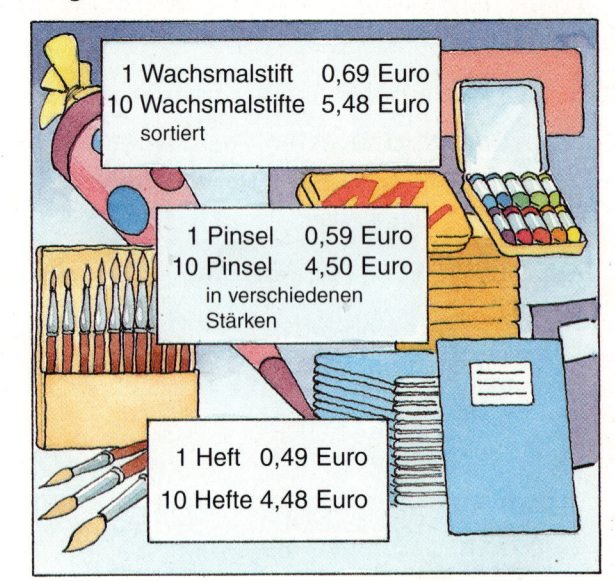

Schreibwaren Hückinghaus

Anzahl	Artikel	Einzelpreis	Gesamtpreis
4	Hefte	0,49	1,96
2	Zeichenblöcke	0,89	
3	Pinsel	0,59	
5	Bleistifte	0,85	
3	Anspitzer	0,79	

Verkäufer 00 1807-92   TOTAL   Euro

Bei Irrtum und Umtausch bitte diesen Kassenzettel vorlegen.

4. Wie viel Geld sparst du bei folgenden Angeboten?

1 Wachsmalstift   0,69 Euro
10 Wachsmalstifte 5,48 Euro
sortiert

1 Pinsel   0,59 Euro
10 Pinsel 4,50 Euro
in verschiedenen Stärken

1 Heft   0,49 Euro
10 Hefte 4,48 Euro

RECHNE WIE DER BLITZ!

2·5	2·50	5·50	10·50	20·50	50·50	70·50	90·50	5·90	5·9
3·6	30·6	30·60	50·60	40·70	80·70	80·60	70·60	70·6	7·6
10·10	20·20	30·30	40·40	50·50	60·60	70·70	80·80	90·90	100·100
9·8	90·80	90·40	50·70	60·70	6·70	6·700	80·30	8·30	3·8

68

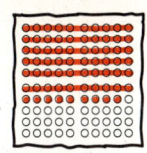

Emmentaler Käse 1 Kg 8,00 Euro
aus der **Schweiz** 100 g 0,80 Euro

Gouda Käse 1 Kg 6,00 Euro
aus **Holland** 100 g 0,60 Euro

Gorgonzola 1 Kg 9,00 Euro
aus **Italien** 100 g 0,90 Euro

Emmentaler
verpackt am: 28.08.95
€/kg 8,00 | Nettogewicht 665 g
PREIS 5,32 EURO

1. Berechne die Preise für Emmentaler.
 a. 1 000 g kosten 8,00 Euro. 500 g kosten ?
 b. 100 g kosten 0,80 Euro. 50 g kosten ?
 c. 500 g kosten ? 250 g kosten ?
 d. 100 g kosten 0,80 Euro. 300 g kosten ?
 e. 100 g kosten 0,80 Euro. 10 g kosten ?
 f. 10 g kosten ? 5 g kosten ?

2. Berechne die Preise für Emmentaler.
Wie viel Euro kosten
 a. 550 g, b. 950 g, c. 490 g,
 d. 110 g, e. 1 050 g, f. 210 g?

a. 500 g kosten 4,00 Euro
 50 g kosten 0,40 Euro
 550 g kosten

3. Berechne die Preise für Emmentaler auch von:
 a. 515 g, b. 360 g, c. 270 g, d. 1 050 g, e. 540 g, f. 665 g.

4. Berechne auch für Gouda die Preise der Gewichte in den Aufgaben 1, 2 und 3.

5. Schreibe Preistabellen.
 a. Italienischer Gorgonzola:

1 000 g	500 g	400 g	300 g	250 g	200 g	100 g	50 g	10 g
9,00 €						0,90 €		

 b. Dänischer Butterkäse:

1 000 g	500 g	400 g	300 g	250 g	200 g	100 g	50 g	10 g
11,00 €						1,10 €		

RECHNE WIE DER BLITZ!

10 · 1 000   3 · 2 000   3 000 · 5   5 · 8 000   6 · 7 000   7 · 8 000   6 000 · 7   8 000 · 7
80 · 70   600 · 9   30 · 9   40 · 60   7 000 · 5   80 · 60   8 · 900   6 · 8 000

20 · 4   3 · 300   5 · 5 000   6 · 80   7 · 9 000   10 · 800   80 · 70   9 · 900
540 : 9   480 : 6   560 : 8   8 100 : 9   63 000 : 7   25 000 : 5   900 : 3   8 000 : 10

Spielgeräte für die Pause

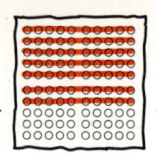

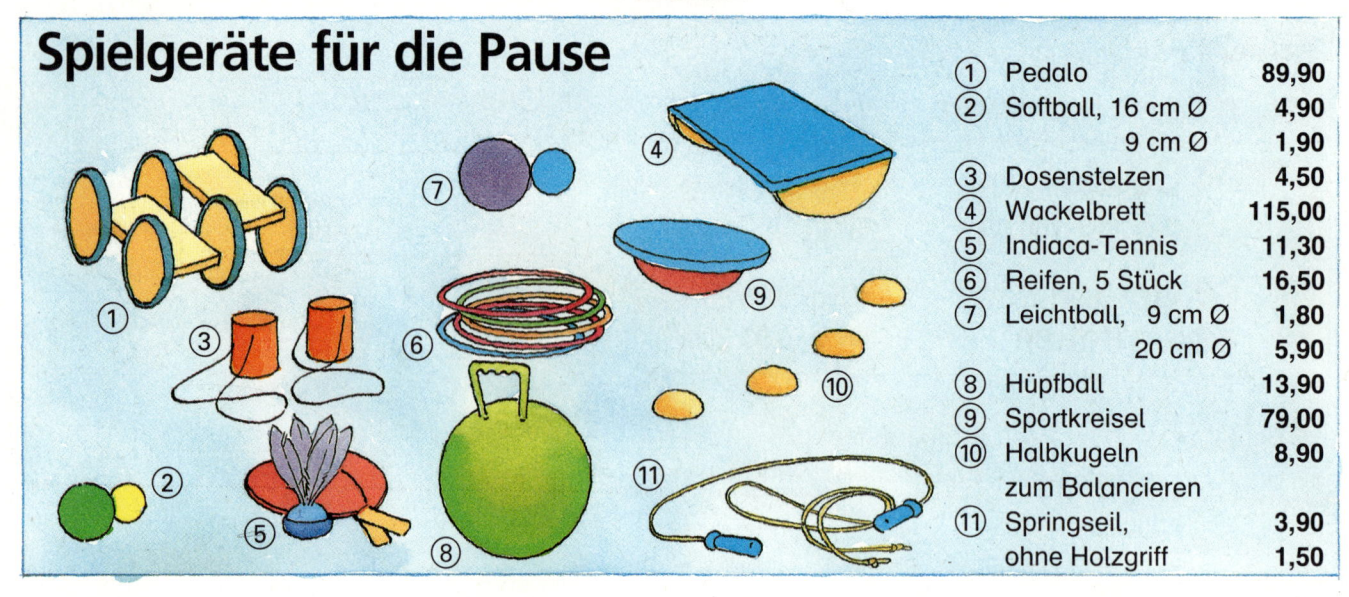

① Pedalo — 89,90
② Softball, 16 cm Ø — 4,90
        9 cm Ø — 1,90
③ Dosenstelzen — 4,50
④ Wackelbrett — 115,00
⑤ Indiaca-Tennis — 11,30
⑥ Reifen, 5 Stück — 16,50
⑦ Leichtball, 9 cm Ø — 1,80
        20 cm Ø — 5,90
⑧ Hüpfball — 13,90
⑨ Sportkreisel — 79,00
⑩ Halbkugeln zum Balancieren — 8,90
⑪ Springseil, — 3,90
   ohne Holzgriff — 1,50

1. Für wie viel Euro wurden Spielgeräte bestellt? Überschlage. Schreibe die Rechnung.

a. Astrid-Lindgren-Schule:

Bestellschein

Anzahl	Bezeichnung	Einzelpreis in Euro	Gesamtpreis in Euro
15	Softball	1,90	
15	Springseil	1,50	
10	Springseil	3,90	
2	Pedalo	89,90	
12	Dosenstelzen	4,50	

b. Pestalozzi-Schule:

Bestellschein

Anzahl	Bezeichnung	Einzelpreis in Euro	Gesamtpreis in Euro
3	Pedalo	89,90	
10	Dosenstelzen	4,50	
18	Leichtball	1,80	
23	Softball	4,90	
28	Springseil	3,90	
7	Indiaca-Tennis	11,30	

2. Schreibe die Rechnung. Überschlage den Gesamtpreis.

a. Josefschule:
   23 Leichtbälle 20 cm Ø
   28 Softbälle 9 cm Ø
   17 Halbkugeln zum Balancieren
   30 Springseile ohne Holzgriff
   15 Indiaca-Tennis

b. Nordschule:
   26 Dosenstelzen
   23 Indiaca-Tennis
   15 Reifen
   45 Softbälle 16 cm Ø
   12 Hüpfbälle
   3 Sportkreisel

c. Ringschule:
   35 Halbkugeln
   24 Dosenstelzen
   36 Softbälle 9 cm Ø
   2 Wackelbretter
   8 Hüpfbälle

3. Eine Schule bestellt 8 Pedalos und 35 Hüpfbälle. Wie viel Euro kostet diese Bestellung?

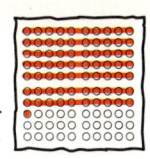

Barzahlung und Ratenzahlung

1. Berechne, wie viel Euro bei Ratenzahlung für die Fahrräder mehr bezahlt werden müssen:

a. **Tourenrad** 5-Gang — 349.-
Ratenzahlung monatlich: 12 Raten à 32 Euro

b. 21-Gang **Mountain Bike** — 429.-
Ratenzahlung monatlich: 18 Raten à 28 Euro

c. **Damen Trekking Bike** 21-Gang — 499.-
Ratenzahlung monatlich: 12 Raten à 46 Euro

d. **3-Gang Rad** — 179.-
Ratenzahlung: 6 x 31 Euro oder: 12 x 17 Euro

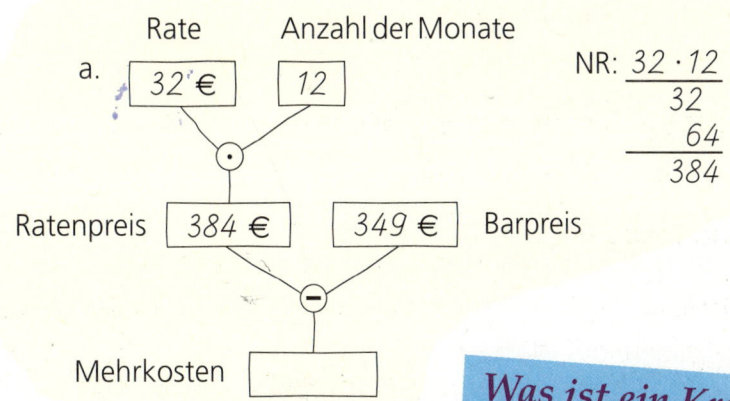

a. Rate: 32 € Anzahl der Monate: 12
Ratenpreis: 384 €   Barpreis: 349 €
Mehrkosten: ☐

NR: $32 \cdot 12$
32
$\underline{64}$
384

Was ist ein Kredit?

Bei einer Bank kann man Geld leihen. Das geliehene Geld nennt man Kredit. Die Bank verlangt aber mehr Geld zurück, als sie gegeben hat. Dieses zusätzliche Geld nennt man Zinsen.
Die Banken leben also davon, dass sie Geld verleihen.
Kredite werden leider oft unüberlegt aufgenommen. Viele Menschen kommen in finanzielle Not, weil sie die Raten nicht mehr bezahlen können.

2. Wie teuer ist geliehenes Geld?

Kreditsumme	Laufzeit	monatliche Rate
a. 5 000 Euro	12 Monate	451,00 Euro
b. 5 000 Euro	18 Monate	309,30 Euro
c. 5 000 Euro	24 Monate	237,50 Euro
d. 5 000 Euro	30 Monate	196,00 Euro
e. 5 000 Euro	36 Monate	167,65 Euro
f. 5 000 Euro	42 Monate	147,40 Euro
g. 5 000 Euro	48 Monate	132,25 Euro

a. Kredit: 5 000 Euro
zurückzuzahlen: 5 412 Euro
Zinsen: 412 Euro

NR: $451 \cdot 12$
451
$\underline{902}$
5412

3. Was sollte man sich überlegen, bevor man sich Geld leiht oder etwas in Raten kauft? Tipps gibt es bei der Verbraucherberatung.

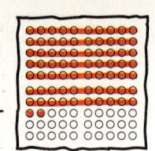

Vergrößern und verkleinern

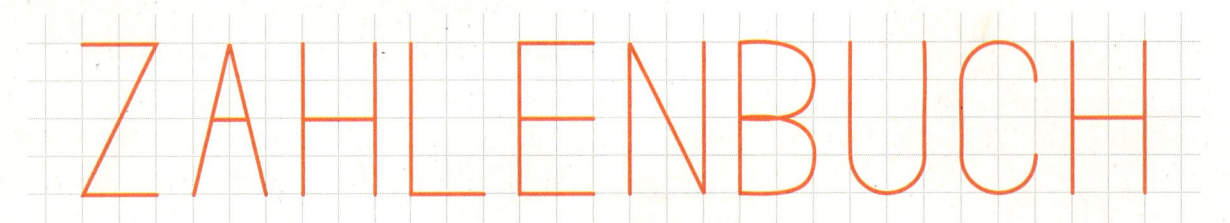

ZAHLENBUCH

1a. Vergrößere den Buchstaben **H** so, dass du in dein Heft jeweils doppelt so lange Striche zeichnest. Dann hast du im Maßstab 2 zu 1 (geschrieben 2:1) vergrößert.
  b. Vergrößere den Buchstaben **E** im Maßstab 2:1.
  c. Vergrößere das Wort **ZAHLEN** ebenso.
  d. Vergrößere das Wort **ZAHL** im Maßstab 3:1.
  Überlege, wie lang du nun die Striche zeichnen musst.
  Das Karopapier hilft dir dabei.

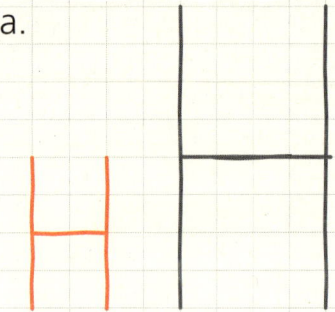

2a. Verkleinere den Buchstaben **H** so, dass du in dein Heft jeweils halb so lange Striche zeichnest. Dann hast du im Maßstab 1 zu 2 (geschrieben 1:2) verkleinert.
  b. Verkleinere den Buchstaben **E** im Maßstab 1:2.
  c. Verkleinere das Wort **ZAHLENBUCH** ebenso.
  d. Verkleinere das Wort **ZAHLENBUCH** im Maßstab 1:4.
  Überlege, wie lang du nun die Striche zeichnen musst.
  Das Karopapier hilft dir dabei.

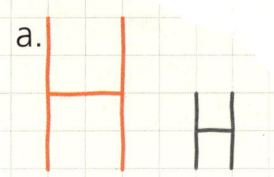

> Der Maßstab gibt an, wie viele Male etwas vergrößert oder verkleinert wurde.

3a. Schreibe deinen Namen auf Karopapier.
  b. Vergrößere in den Maßstäben 2:1, 3:1 und 4:1.
  c. Verkleinere in den Maßstäben 1:2 und 1:4.

4. Wie groß sind die Tiere in Wirklichkeit? Miss und rechne.
  a. Die Maus ist im Maßstab 1:3 verkleinert.
  1 cm im Bild sind 3 cm in Wirklichkeit.
  b. Der Marienkäfer ist im Maßstab 4:1 vergrößert.
  4 cm im Bild entsprechen 1 cm in Wirklichkeit.

  a. Schwanz gemessen: 3 cm 5 mm
  in Wirklichkeit: 3 cm · 3 + 5 mm · 3 = 10 cm 5 mm
  Körper gemessen:

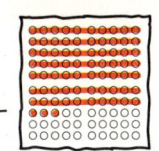

1. Spielzeuge gibt es in verschiedenen Größen. Bei Modelleisenbahnen gibt es die Baugröße H0. Diese Modelle sind im Maßstab 1:87 verkleinert.

a. Das Modell des ICE-Großraumwagens ist 27 cm groß.

b. Das Modell eines Gepäckwagens ist 16 cm groß.

Berechne die Größen in Wirklichkeit.

a. 27 cm $\cdot 87 =$ ...... cm

```
  27 · 87
  ───────
  216
  189
  ─────
  2349
```

2349 cm $= 23$ m 49 cm $= 23{,}49$ m

2. Wie groß sind die Fahrzeuge in Wirklichkeit?

a. Größe des Modells: 25 cm
Maßstab: 1:18

b. Größe des Modells: 18 cm
Maßstab: 1:12

c. Größe des Modells: 15 cm
Maßstab: 1:60

d. Größe des Modells: 19 cm
Maßstab: 1:87

e. Größe des Modells: 10 cm
Maßstab: 1:87

f. Größe des Modells: 13 cm
Spannweite des Modells: 12 cm
Maßstab: 1:500

3.

Modell	2 mm	2 cm	1 cm	4 mm	2 mm	5 cm	5 cm	10 cm
Maßstab	1:5	1:5	1:10	1:15	1:30	1:100	1:50	1:25
Wirklichkeit	10 mm							

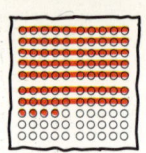

Ich denke mir eine Zahl

Ich denke mir eine Zahl,
multipliziere sie mit 4,
addiere 10,
dividiere durch 5
und erhalte die Zahl 6.

$x \xrightarrow{\cdot 4} \square \xrightarrow{+10} \square \xrightarrow{:5} 6$

Ich denke mir eine Zahl,
multipliziere sie mit 4,
subtrahiere 10,
dividiere durch 5
und erhalte die Zahl 10.

$x \xrightarrow{\cdot 4} \square \xrightarrow{-10} \square \xrightarrow{:5} 10$

1. Wie heißen die gedachten Zahlen?

a. Ich denke mir eine Zahl,
multipliziere sie mit 5,
addiere 30,
dividiere durch 6
und erhalte die Zahl 10.

b. Ich denke mir eine Zahl,
subtrahiere 5,
multipliziere mit 9,
addiere 55
und erhalte die Zahl 100.

c. Ich denke mir eine Zahl,
addiere 5,
dividiere durch 3,
multipliziere mit 5
und erhalte die Zahl 25.

d. Ich denke mir eine Zahl,
multipliziere mit 7,
dividiere durch 7,
multipliziere mit 4,
dividiere durch 4
und erhalte die Zahl 50.

e. Ich denke mir eine Zahl,
multipliziere mit 2,
multipliziere mit 2,
multipliziere mit 2,
dividiere durch 8
und erhalte die Zahl 25.

f. Ich denke mir eine Zahl,
addiere 70,
subtrahiere 40,
subtrahiere 30,
multipliziere mit 3
und erhalte die Zahl 99.

2. Findest du auch diese Zahlen?

a. Ich denke mir eine zweistellige Zahl,
vertausche Einer- und Zehnerziffer
und dividiere durch 2.
Ich erhalte die Zahl 16.

b. Ich denke mir eine Zahl,
dividiere durch 2
und addiere 5.
Ich erhalte eine Einmaleinszahl
der Dreierreihe zwischen 20 und 30.

3. Erfinde eigene Zahlenrätsel.

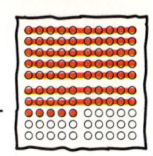

Ungleichungen

1. Welche Zahl kann x sein?

a. x · 70 < 400

0 1 2 3 4 5 6 7 8 9

Julia:

3 · 70 = 210 ✓   7 · 70 = 490
8 · 70 = 560   2 · 70 = 140 ✓
0 · 70 = 0 ✓   1 · 70 = 70 ✓
6 · 70 = 420   9 · 70 = 630
5 · 70 = 350 ✓   4 · 70 = 280 ✓

x kann sein 3, 0, 5, 2, 1, 4

Uwe:

0 · 70 = 0 ✓   5 · 70 = 350 ✓
1 · 70 = 70 ✓   6 · 70 = 420
2 · 70 = 140 ✓   7 · 70 = 490
3 · 70 = 210 ✓   8 · 70 = 560
4 · 70 = 280 ✓   9 · 70 = 630

Lösung: 0, 1, 2, 3, 4, 5

Petra:

6 · 70 = 420
5 · 70 = 350 ✓

x kann sein:
5 und alle Zahlen kleiner 5

b. x · 60 < 400
c. x · 30 < 250
d. x · 40 < 350
e. x · 400 < 3500
f. x · 500 > 2900
g. x · 80 > 300
h. x · 600 > 4600
i. x · 300 > 2300

2. Welche Zahl kann x sein?

a. 160 < x · 30 < 250
b. 300 < x · 70 < 600
c. 100 < x · 90 < 850

3. Vergleiche.   < oder = oder > ?

a.	b.	c.	d.
4 · 800 ▪ 4 000	5 000 : 5 ▪ 800	10 · 100 ▪ 5 000	300 · 0 ▪ 300
5 · 800 ▪ 4 000	4 000 : 5 ▪ 800	15 · 150 ▪ 5 000	300 : 3 ▪ 300
6 · 800 ▪ 4 000	3 000 : 5 ▪ 800	20 · 200 ▪ 5 000	300 · 3 ▪ 300
7 · 800 ▪ 4 000	2 000 : 5 ▪ 800	25 · 250 ▪ 5 000	300 : 1 ▪ 300
8 · 800 ▪ 4 000	1 000 : 5 ▪ 800	30 · 300 ▪ 5 000	300 · 1 ▪ 300

4. Familie Wiesner zahlt jeden Monat 158 Euro Nebenkosten.
Am Ende des Jahres werden die Kosten genau abgerechnet, sie betragen 1 780 Euro für das Jahr.
Hat die Familie zu wenig oder zu viel bezahlt?

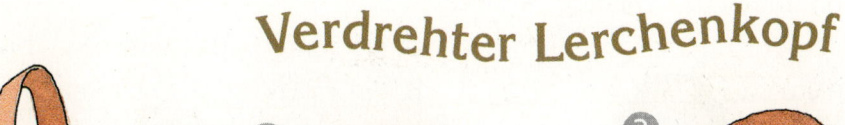

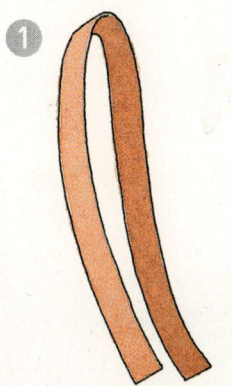

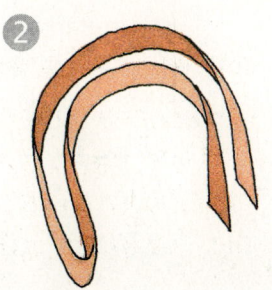

Verdrehter Lerchenkopf

Mit diesem Knoten kann man einen langen Schal umbinden.

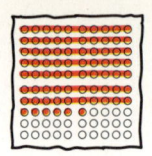

Zeichenuhr

Das Zifferblatt einer Uhr hat 60 Teile, die Zeichenuhr hat ebenfalls 60 Teile. Mit der Zeichenuhr kannst du schöne Muster zeichnen.

1 a. Teile die Zeichenuhr in drei gleiche Abschnitte.   60 : 3 = _____

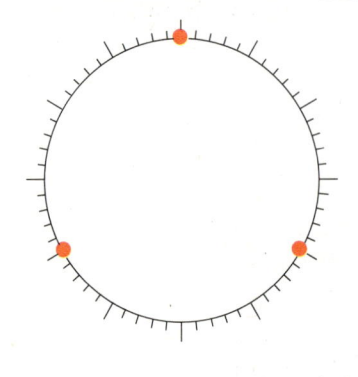

b. Verbinde die Punkte.

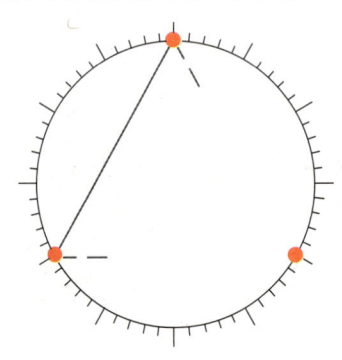

c. Welche Form erhältst du?

2. Teile die Zeichenuhr
   a. in vier gleiche Abschnitte,   **b.** in fünf gleiche Abschnitte,   **c.** in sechs gleiche Abschnitte.
   Wie groß müssen die Abschnitte sein? Verbinde die Punkte. Welche Vielecke erhältst du?

3. Färbe die Vielecke und schneide sie aus.

4. Klebt aus euren ausgeschnittenen regelmäßigen Vielecken 
   a. ein Parkett aus Dreiecken,
   b. ein Parkett aus Quadraten,
   c. ein Parkett aus Sechsecken.

5. Ein Parkett aus regelmäßigen Fünfecken kann man nicht legen. Versuche zu begründen.

Vielecke mit Hilfe der Zeichenuhr (Kopiervorlage) herstellen.
Mit Spiegel und Spiegelbuch Beziehungen zur Achsen- und zur Drehsymmetrie herstellen.

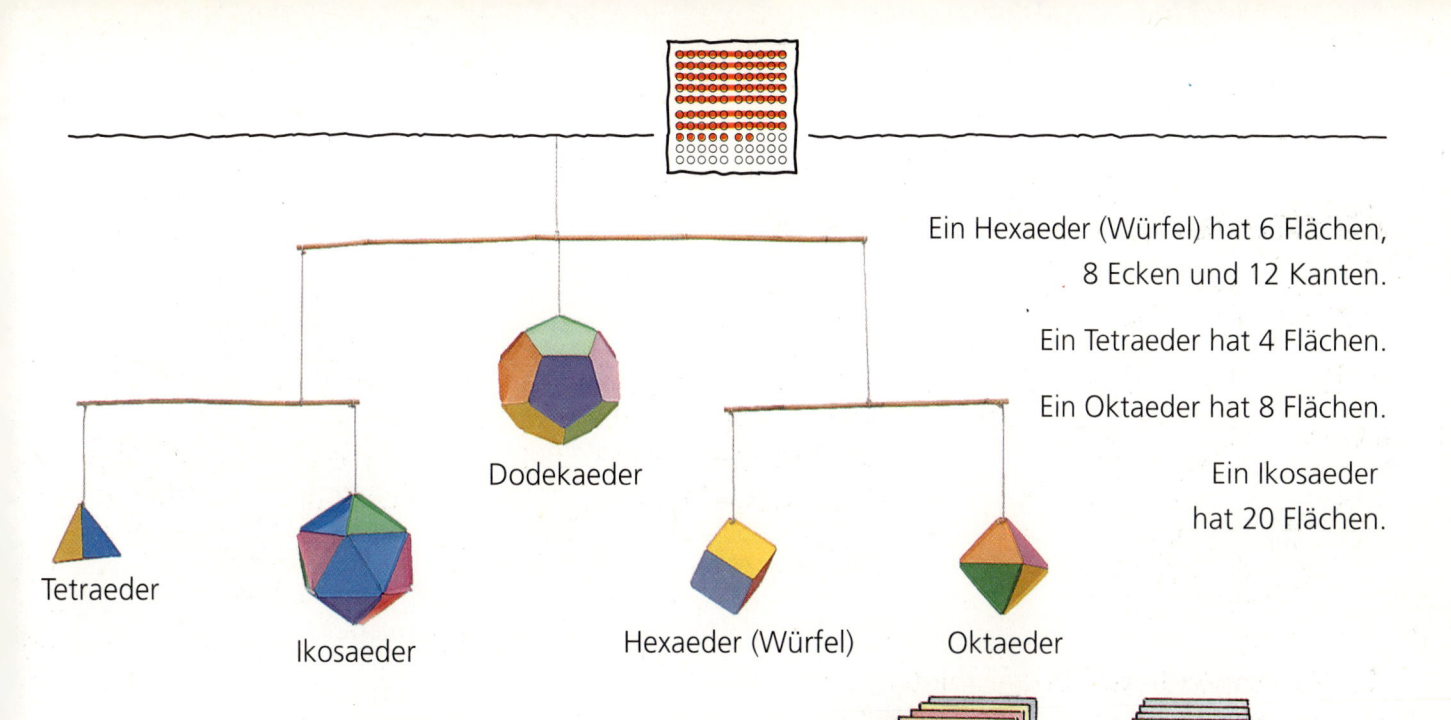

Ein Hexaeder (Würfel) hat 6 Flächen, 8 Ecken und 12 Kanten.

Ein Tetraeder hat 4 Flächen.

Ein Oktaeder hat 8 Flächen.

Ein Ikosaeder hat 20 Flächen.

Tetraeder
Dodekaeder
Ikosaeder
Hexaeder (Würfel)
Oktaeder

1. Stellt in Gruppenarbeit einen Dodekaeder her. Ihr braucht 12 Zeichenuhren und 12 Stücke Fotokarton.

1 Zwölf regelmäßige Fünfecke zeichnen, die Zeichenuhr auf Fotokarton kleben und ausschneiden.

2 Fünfecke knicken, die überstehenden Flächen als Klebelaschen stehen lassen.

3 Die 12 Fünfecke so zusammenkleben, dass sich die Form schließt.

4 An jeder Klebelasche eine Wäscheklammer befestigen, damit alles gut hält.

5 Nach dem Trocknen des Klebers die Wäscheklammern entfernen. Die Klebelaschen vorsichtig bis auf eine kleine Kante abschneiden.

2. Wie viele Ecken, wie viele Kanten hat
a. ein Dodekaeder, b. ein Tetraeder, c. ein Oktaeder?

Mit Hilfe von Vielecken Platonische Körper herstellen und deren Flächen, Ecken und Kanten abzählen.

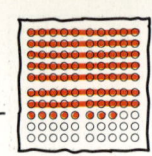

Division durch Zehnerzahlen

```
 8 272 : 4 = 2 068          82 720 : 40 = 2 068
 8                          80
 ‾‾                         ‾‾
 02          Überschlag:    27          Überschlag:
  0                          0
 ‾‾          8 000 : 4 = 2 000  ‾‾‾      80 000 : 40 = 2 000
 27                         272
 24                         240
 ‾‾                         ‾‾‾
 32                         320
 32                         320
 ‾‾                         ‾‾‾
  0                          0
```

Vergleiche die Aufgaben,
vergleiche die Ergebnisse.

1. Rechne ebenso. Rechne zur Probe den Überschlag.

a.	1 729 : 7	b.	5 922 : 6	c.	39 390 : 5	d.	23 148 : 4	e.	10 101 : 3
	17 290 : 70		59 220 : 60		393 900 : 50		231 480 : 40		101 010 : 30

2.
a.	12 120 : 20	b.	12 120 : 30	c.	27 720 : 20	d.	27 720 : 30	e.	99 900 : 10
	24 240 : 40		24 240 : 60		55 440 : 40		55 440 : 60		499 500 : 50
	48 480 : 80		36 360 : 90		110 880 : 80		83 160 : 90		999 000 : 100

3. Vergleiche Start und Ziel.

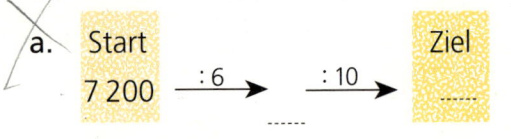

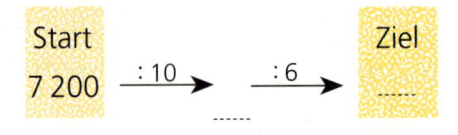

a. Start 7 200 —:6→ —:10→ Ziel   Start 7 200 —:10→ —:6→ Ziel   Start 7 200 —:60→ Ziel

Rechne ebenso mit 4 800, 19 260, 46 620.

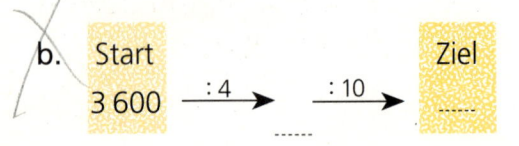

b. Start 3 600 —:4→ —:10→ Ziel   Start 3 600 —:10→ —:4→ Ziel   Start 3 600 —:40→ Ziel

Rechne ebenso mit 3 200, 36 000, 400 000.

4. Welche Ergebnisse sind gleich?

a.	360 : 40	b.	6 300 : 900
	180 : 20		63 : 9
	18 : 2		210 : 70
	720 : 80		2 100 : 300
c.	270 : 30	d.	810 : 90
	5 400 : 600		2 700 : 900
	540 : 90		270 : 90
	540 : 60		270 : 30

5. Eine Hummel schlägt in einer Minute 11 400-mal mit ihren Flügeln. Wie oft schlägt sie in einer Sekunde?

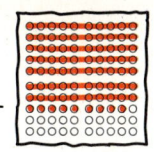

Grundrechenarten

Addition (+), Subtraktion (−), Multiplikation (·) und Division (:) sind die vier Grundrechenarten.
Bei Aufgaben mit mehreren Rechenzeichen muss die Reihenfolge der Rechnungen festgelegt werden.

> **Regel 1: Klammern werden zuerst ausgerechnet.**
> **Regel 2: Punktrechnung (· und :) geht vor Strichrechnung (+ und −).**

Mit Regel 2 lassen sich Klammern sparen. Beispiel: Die Aufgabe 17 + (2 · 15) lässt sich ohne Klammern schreiben und ausrechnen: 17 + 2 · 15 = 17 + 30 = 47.

1. Beachte die Regeln.
- a. (117 + 3) · 5
  117 + 3 · 5
- b. (100 − 25) · 2
  100 − 25 · 2
- c. (250 + 50) : 5
  250 + 50 : 5
- d. (316 + 44) : 4
  316 + 44 : 4
- e. 18 + 2 · 30
  (18 + 2) · 30
- f. 205 − 5 · 8
  (205 − 5) · 8
- g. 100 : 10 − 5
  100 : (10 − 5)
- h. 500 : 20 − 15
  500 : (20 − 15)

2.
- a. 4 · 7 + 5 · 8 = 28 + 40 = ...
  4 · 8 + 5 · 7 = 32 + 35 = ...
- b. 4 · 9 + 5 · 10
  4 · 10 + 5 · 9
- c. 7 · 8 + 8 · 9
  7 · 9 + 8 · 8
- d. 6 · 7 + 7 · 8
  6 · 8 + 7 · 7

3.
- a. 2 · 3 + 5 · 3
  (2 + 5) · 3
- b. 4 · 6 + 3 · 6
  (4 + 3) · 6
- c. 8 · 9 + 2 · 9
  (8 + 2) · 9
- d. 20 · 4 + 30 · 4
  (20 + 30) · 4

4. ⟨20⟩ ⟨10⟩ ⟨5⟩ ⟨+⟩ ⟨−⟩ ⟨·⟩ ⟨:⟩ ⟨(⟩ ⟨)⟩ ⟨=⟩

- a. Bilde daraus Aufgaben und rechne.
  (20 − 5) · 10 =
  10 : 5 + 20 =
  5 · (20 − 10) =
- b. Suche eine Aufgabe mit möglichst kleinem Ergebnis.
- c. Suche eine Aufgabe mit möglichst großem Ergebnis.
- d. Wähle selbst drei Zahlen. Bilde Aufgaben.

5. Schreibe Aufgaben mit dem Ergebnis 100.

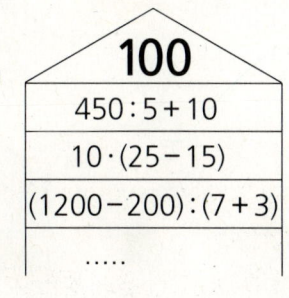

100
450 : 5 + 10
10 · (25 − 15)
(1200 − 200) : (7 + 3)
......

6. Bilde weitere Zahlenhäuser mit dem Ergebnis
- a. 500,
- b. 50,
- c. 75.

7.
- a. (85 cm + 15 cm) : 20
  70 cm + 3 · 8 cm
  90 cm : 2 + 60 cm
- b. (540 g + 260 g) : 2
  540 g + 260 g : 2
  (540 g + 260 g) · 2
- c. 5 · 20 € + 36 €
  5 · (20 € + 36 €)
  7 · (60 € + 39 €)

8. Die Turnhalle einer Schule mit 315 Kindern ist 26 m lang und 14 m breit.
Wie viele Meterquadrate ist sie groß?

Till Eulenspiegel

8411	7988	9655	1366	7088	6599
8411 + 1184	7988 + 8879	9655 + 5596	1366 + 6613	7088 + 8870	6599 + 9965
(84 + 11) · 101	(79 + 88) · 101	(96 + 55) · 101	(13 + 66) · 101	(70 + 88) · 101	9965 − 6599

(99 + 65) · 101
(99 − 65) · 99

7344	2355	1744	8933	9211
7344 − 4473	5523 − 2355	4417 − 1744	8933 − 3389	9211 − 1192
(73 − 44) · 99	(55 − 23) · 99	(44 − 17) · 99	(89 − 33) · 99	(92 − 11) · 99

Zahlen wie 8411, 7988, 2355 nennen wir TILL-Zahlen.
Bilde weitere TILL-Zahlen und rechne ebenso. Was fällt dir auf?

Das Wasser aus dem Löwenmaul füllt den Brunnen in einem Tag. Das Wasser aus den Augen füllt den Brunnen in zwei Tagen.
Wie viele Stunden dauert es, wenn aus Augen und Maul Wasser fließt?

12 345 + 530 865	123 456 + 530 865	234 567 + 530 865	345 678 + 530 865	456 789 + 530 865

2766   **9433**

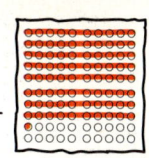

6627   9433
−2766   −3394
3861   ____

3861 : 9 = 429   ____ : 9 = ____
429 : 11 = 39   ____ : 11 = ____

66 − 27 = ____   94 − 33 = ____

9511   **7833**

9511   7833
−1195   −3378
____   ____

____ : 9 = ____   ____ : 9 = ____
____ : 11 = ____   ____ : 11 = ____

95 − 11 = ____   78 − 33 = ____

Ein Turm steht zu einem Viertel im Boden, zur Hälfte im Wasser und 10 m ragen in die Luft. Wie hoch ist der gesamte Turm?

Welches Ergebnis ist am kleinsten?

45 353 · 17
24 871 · 31
40 579 · 19
70 091 · 11
4 123 · 187
256 667 · 3
2 387 · 323

987 654   876 543   765 432   654 321   543 210
−332 667   −332 667   −332 667   −332 667   −332 667

81

Zahlenmauern

1 a. Berechne zuerst die fehlenden Zahlen.
Addiere dann die drei unteren Zahlen und
dazu noch einmal die untere Mittelzahl.

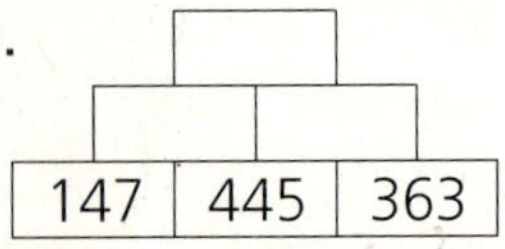

```
   147
+  445
+  363
+  445
-------
```

Zahlenmauer a: 147 | 445 | 363

b. Rechne ebenso.

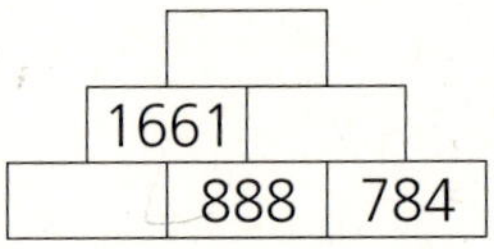

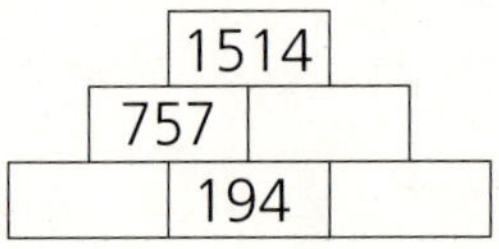

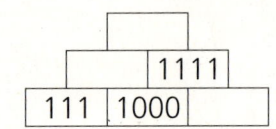

- 1661 / 888 | 784
- 1514 / 757 / 194
- 1111 / 111 | 1000

c. Beschreibe, was dir auffällt. Überprüfe es an eigenen Zahlenmauern. Kannst du es begründen?

d. Wie musst du in Aufgabe a. die untere Mittelzahl verändern, damit oben 1300 herauskommt?

Rechendreiecke

1 a. Berechne zuerst die fehlenden Zahlen.
Berechne dann die Summe der drei inneren Zahlen.
Berechne danach die Summe der drei äußeren Zahlen und halbiere diese Summe.

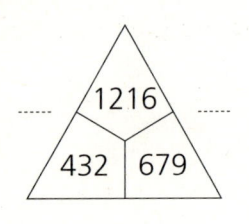

Dreieck a: innen oben 1216; innen unten 432, 679

b. Rechne ebenso.

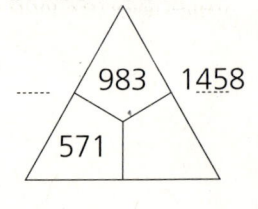

Dreieck b: innen oben 983, rechts außen 1458, innen unten links 571

c. Beschreibe, was dir auffällt. Überprüfe es an eigenen Rechendreiecken. Versuche es zu begründen.

2 a. Berechne zuerst die fehlenden Zahlen.
Berechne dann die Summe der drei inneren Zahlen.
Subtrahiere danach von der Summe der inneren Zahlen eine der äußeren Zahlen.

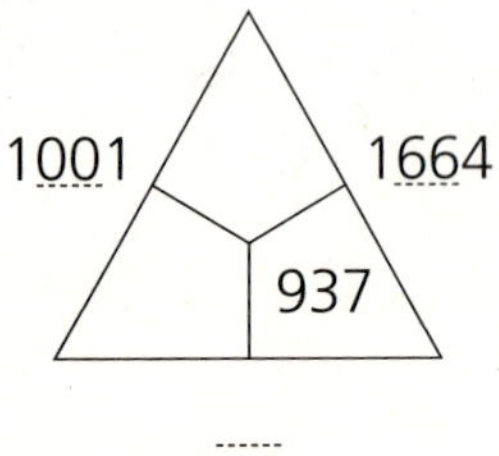

Dreieck: außen links 1001, außen rechts 1664, innen unten 937

b. Beschreibe, was dir auffällt. Überprüfe es an eigenen Rechendreiecken. Kannst du es begründen?

3 a. Berechne die Summe der drei äußeren Zahlen.
Berechne daraus die Summe der drei inneren Zahlen.
Wie kannst du die inneren Zahlen berechnen?

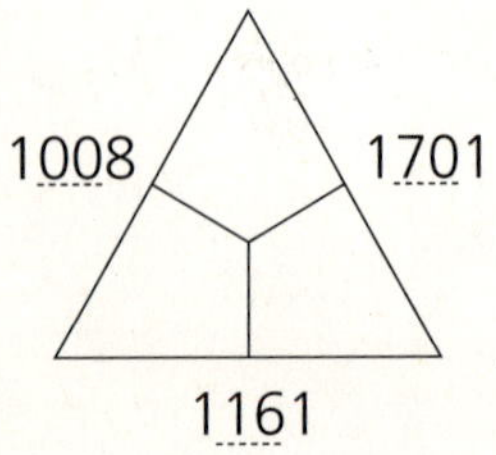

Dreieck: außen links 1008, außen rechts 1701, außen unten 1161

82   Üben und Vertiefen von Addition und Subtraktion.
Entdecken und Begründen von Zahlenmustern.

ANNA – Zahlen

Vierstellige Zahlen wie 3 663, 8 558, 1 001 heißen ANNA-Zahlen.

1a. Bilde zu einer ANNA-Zahl die andere ANNA-Zahl mit den gleichen Ziffern und subtrahiere die kleinere von der größeren Zahl. Rechne mehrere Aufgaben.

```
  6336        7227        8558
- 3663      - 2772      - 5885
-------     -------     -------
  2673
```

b. Welche Ergebnisse habt ihr gefunden? Sammelt sie und schreibt sie geordnet auf.

c. Sucht zu jedem Ergebnis weitere Aufgaben.

2. Multipliziere 891 mit 2, 3, 4, ... 9. Vergleiche mit Aufgabe 1a. Was fällt dir auf?

3. Lege 2 332 an der Stellentafel. Verschiebe Plättchen so, dass 3 223 entsteht. Wie ändern sich die Stellenwerte? Wie viel muss 3 223 größer sein als 2 332? Untersuche weitere Beispiele.

Neuner – Reste

1a. Welche Zahlen kannst du an der Stellentafel mit einem einzigen Plättchen legen? Dividiere sie durch 9.

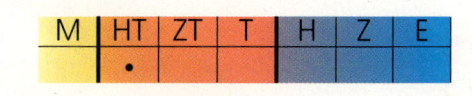

b. Versuche zu erklären, warum du immer den Rest 1 erhältst.

2a. Lege einige Zahlen mit 2 Plättchen und dividiere sie durch 9. Welchen Rest erhältst du jetzt?

b. Überlege, warum das so sein muss.

3a. Lege Zahlen mit 3, 4 oder 5 Plättchen. Dividiere sie wieder durch 9. Vergleiche den Neunerrest mit der Anzahl der Plättchen.

b. Was fällt dir auf? Überlege, warum das so sein muss.

4. Wie viele Plättchen braucht man, um die Zahl 311 202 zu legen? Dividiere die Zahl durch 9. Welchen Rest erwartest du? Warum?

5. Wie viele Plättchen benötigst du für die Zahl 1 472 517? Dividiere durch 9. Welchen Rest erwartest du?

Üben und Vertiefen von Subtraktion, Multiplikation und Division.
Entdecken und Begründen von Zahlenmustern.

Große Summen

1. Wie groß ist die Summe aller Zahlen der Hundertertafel?

1	2	3	4	5	6	7	8	9	10
11	12	13	14	15	16	17	18	19	20
21	22	23	24	25	26	27	28	29	30
31	32	33	34	35	36	37	38	39	40
41	42	43	44	45	46	47	48	49	50
51	52	53	54	55	56	57	58	59	60
61	62	63	64	65	66	67	68	69	70
71	72	73	74	75	76	77	78	79	80
81	82	83	84	85	86	87	88	89	90
91	92	93	94	95	96	97	98	99	100

a. Berechne zuerst die Summe der Zahlen in der ersten Zeile, dann in der zweiten, dritten Zeile usw.
Was fällt dir bei den Zeilen-Summen auf?
Kannst du es begründen?
Welche weiteren Zeilen-Summen vermutest du?
Addiere am Schluss alle Zeilen-Summen.

b. Findest du noch andere Möglichkeiten, um die Summe aller hundert Zahlen zu berechnen?

2. Wie groß ist die Summe aller Zahlen von 1 bis 1 000?

3. Berechne die Summe aller Ergebnisse der Plustafel.

Operative Eigenschaften der Addition als Rechenvorteile nutzen.

Immer 5 Zahlen

Beispiele:
4, **3**, 7, 10, 17
10, **15**, 25, 40, 65
5, **5**, 10, 15, 25

Schreibe immer 5 Zahlen nach folgender Regel auf:
Die erste und zweite Zahl darfst du beliebig wählen.
Jede weitere Zahl ist die Summe der beiden vorhergehenden Zahlen.

1. Setze nach der Regel fort.

a. 0, 1, …
1, 0, …
12, 12, …
8, 2, …
2, 8, …

b. 10, 1, …
20, 1, …
10, 5, …
20, 6, …
100, 50, …

c. 2, 2, …
20, 20, …
22, 22, …
23, 21, …
24, 20, …

a. *0, 1, 1, 2, 3*

2. Die erste Zahl wird immer um 1 vergrößert, die zweite bleibt fest. Setze fort.

a. **4**, **3**, 7, 10, 17
5, **3**, 8, 11, 19
6, **3**, …
…..

b. **10**, **10**, …
11, **10**, …
12, **10**, …
…..

c. **30**, **20**, …
31, **20**, …
32, **20**, …
…..

Wie ändert sich jeweils die letzte Zahl? Begründe.

3. Die erste Zahl bleibt fest, die zweite wird immer um 1 vergrößert. Setze fort.

a. **4**, **3**, 7, 10, 17
4, **4**, 8, 12, 20
4, **5**, …
…..

b. **10**, **10**, …
10, **11**, …
10, **12**, …
…..

c. **30**, **20**, …
30, **21**, …
30, **22**, …
…..

Wie ändert sich jeweils die letzte Zahl? Begründe.

4. Wie musst du die erste und die zweite Zahl wählen, damit als letzte Zahl 100 herauskommt?
Es gibt 17 Lösungen. Könnt ihr sie alle finden?

Gerade Zahlen, ungerade Zahlen

Gerade Zahlen lassen sich als Doppelreihe legen, ungerade Zahlen als Doppelreihe plus 1 Plättchen extra.

24, gerade

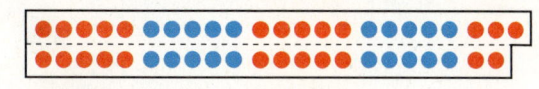

45, ungerade

Begründe mit Hilfe der Doppelreihe:
a. Die Summe zweier gerader Zahlen ist immer gerade.
b. Die Summe zweier ungerader Zahlen ist immer gerade.
c. Die Summe einer geraden und einer ungeraden Zahl ist immer ungerade.

Operative Eigenschaften der Addition für Begründungen nutzen.

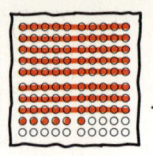

Lotrecht, waagerecht, parallel

1. Der Maurer prüft mit der Wasserwaage, ob die Mauer genau lotrecht und genau waagerecht ist.
   a. Warum ist das wichtig?   b. Wozu dient die Schnur?

2a. Prüfe mit einer Wasserwaage, ob die Wände im Klassenraum lotrecht und die Tischplatten nach allen Seiten waagerecht sind.
   b. Stelle dir selbst ein Lot her.
      Überprüfe im Klassenraum: Was ist lotrecht?

Zwei gerade Linien heißen parallel, wenn sie einen gleichmäßig breiten Streifen bilden. Die Breite wird immer senkrecht zu einer Linie gemessen.

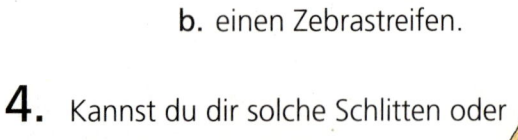

3. Zeichne a. eine Eisenbahnschiene und
          b. einen Zebrastreifen.

4. Kannst du dir solche Schlitten oder so eine Leiter vorstellen?

5a. Welche Linien sind bei einer Schraube parallel?
    Miss jeweils die Breite zwischen den parallelen Linien.
   b. Miss jeweils die Breite zwischen den parallelen Linien bei den Maulschlüsseln.
   c. Was fällt dir auf?

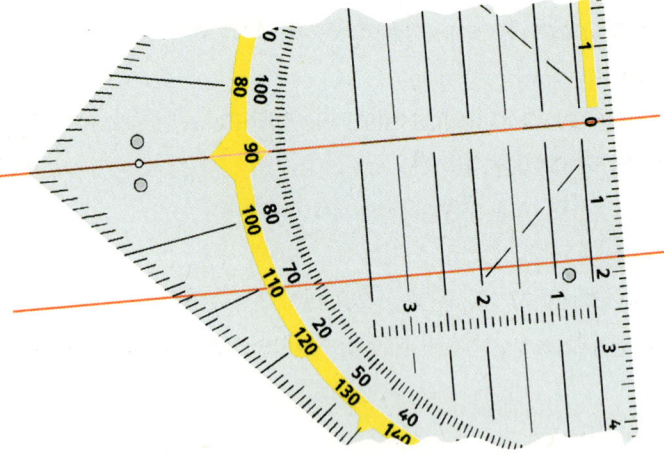

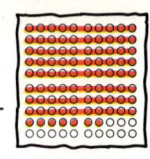

Strecke, Gerade, Strahl

Eine gerade Linie mit zwei Endpunkten heißt Strecke.

1. Zwei Punkte kann man durch eine Strecke verbinden.
Ordne 3 (4, 5, ...) Punkte ungefähr kreisförmig an.
Verbinde jeden Punkt mit jedem.
Wie viele Strecken erhältst du?
Schreibe eine Tabelle.

Anzahl der Punkte	2	3	4
Anzahl der Strecken	1	3	6

Eine gerade Linie ohne Begrenzung heißt Gerade.
Sie kann beliebig verlängert werden.

2. Zwei Geraden, die nicht parallel sind, haben immer einen Schnittpunkt.
Zeichne 3 (4, 5, ...) Geraden „kreuz und quer".
Wie viele Schnittpunkte erhältst du?
Schreibe eine Tabelle.

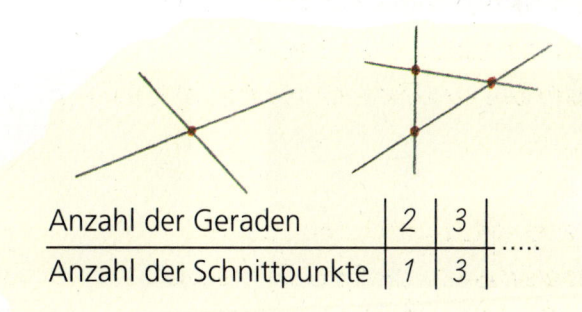

Anzahl der Geraden	2	3
Anzahl der Schnittpunkte	1	3

Eine gerade Linie, die nur von einem Punkt begrenzt wird, heißt Strahl.
Ein Strahl kann in einer Richtung beliebig verlängert werden.

3. Zeichne eine Gerade und einen etwa 3 cm entfernten Punkt.
Zeichne etwa 15 feine Verbindungsstrecken vom Punkt zur Geraden.
Zeichne mit dem Geodreieck senkrecht zu jeder Strecke einen roten Strahl nach unten.

Die roten Strahlen begrenzen eine gekrümmte Linie, die Parabel heißt.

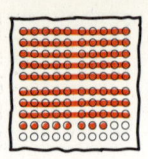

Grundrisse und Seitenansichten

1 a. Baue drei Quader und färbe sie rot, blau und gelb.
b. Stelle deine Quader so wie im Foto auf das Gitter.

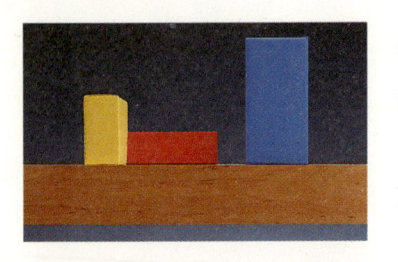

Seitenansicht von Norden

Seitenansicht von Osten

Grundriss

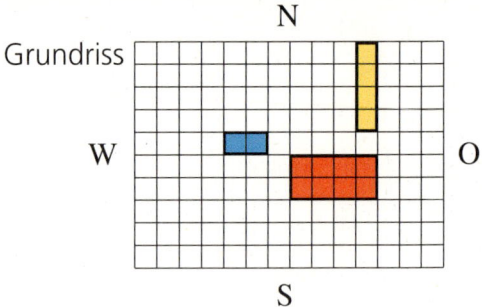

2 a.

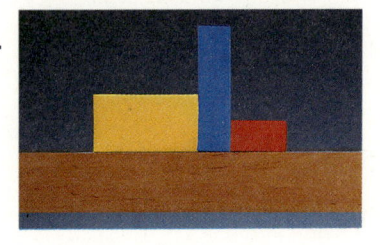

b.

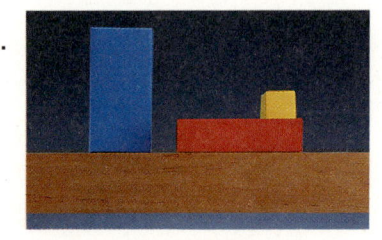

Welche Seitenansichten werden auf den Fotos a. und b. gezeigt?

3. Stelle deine Quader so auf, wie es der Grundriss vorgibt. Welche „Gebäude" sind jeweils am höchsten?

a. b. 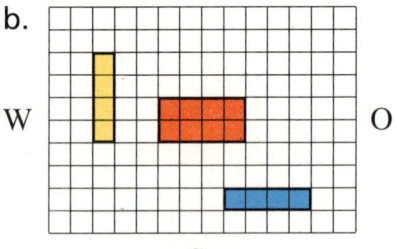 c.

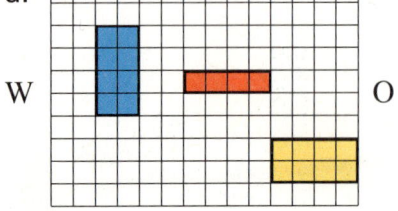

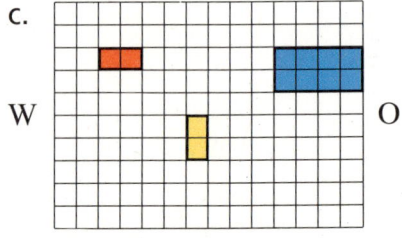

d. 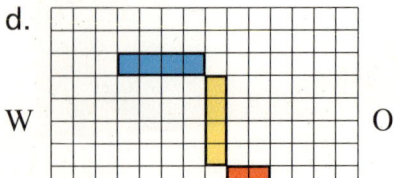 e. 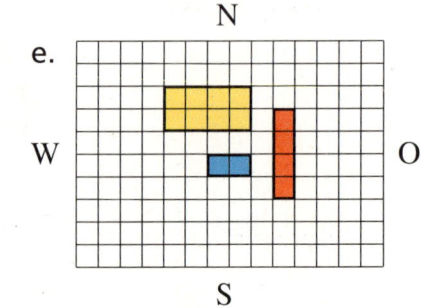 f.

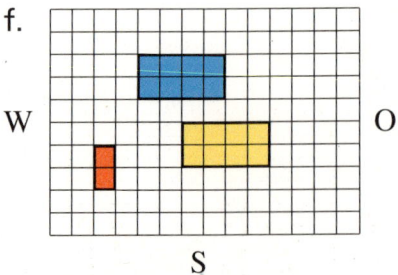

4. Finde eigene Aufstellungen für deine Quader und zeichne jeweils den Grundriss.

88   Gitternetz als Kopiervorlage.

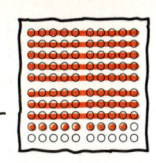

1. Stelle deine „Gebäude" so auf, wie es der Grundriss vorgibt.
Aus welcher Himmelsrichtung siehst du die Seitenansichten?

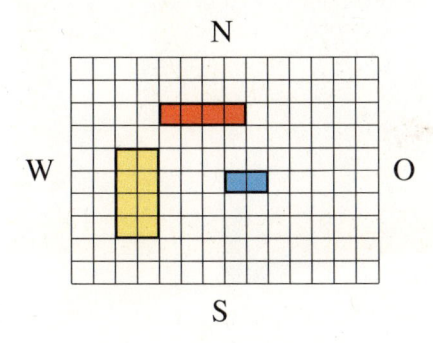

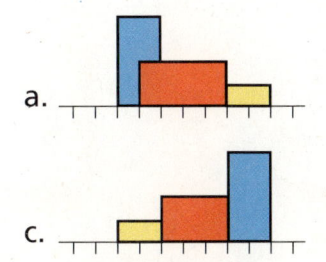

a. von Norden, b. …

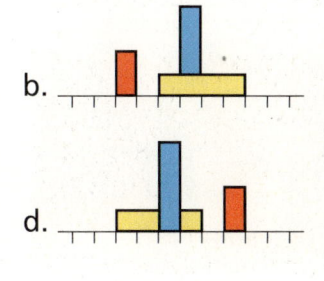

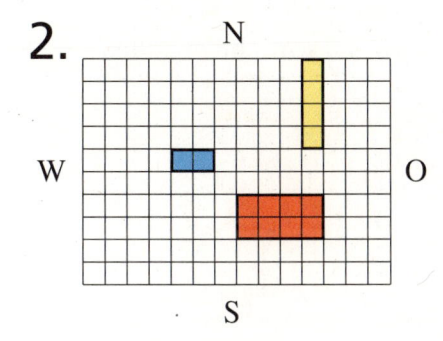

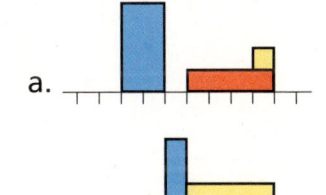

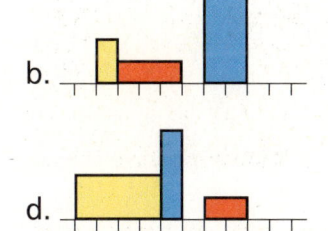

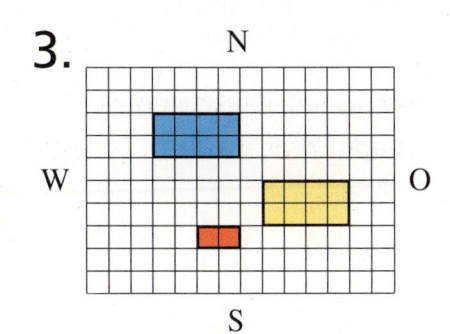

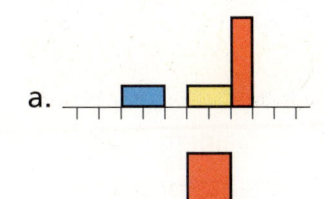

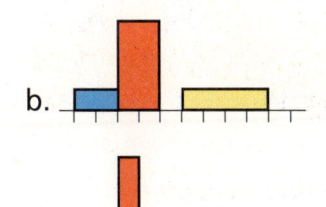

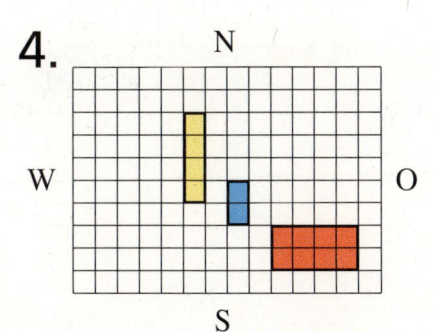

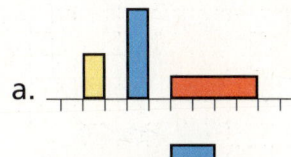

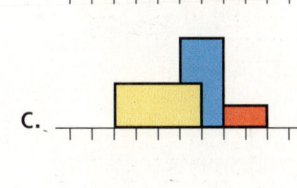

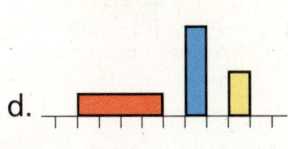

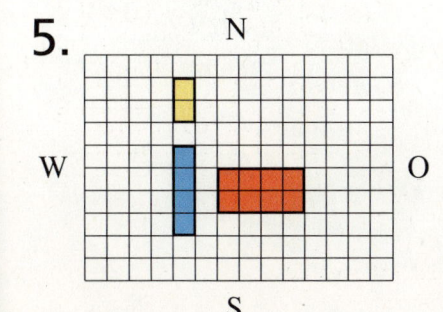

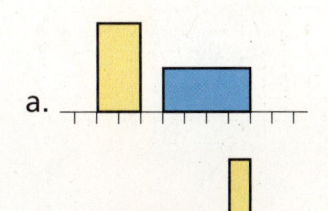

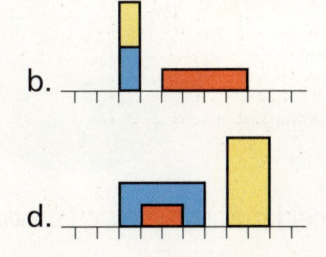

2.

3.

4.

5.

89

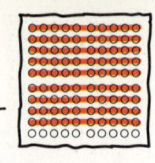

Brot

Weizen – Ertrag bei gutem Boden

Auf einem Meterquadrat wachsen
durchschnittlich 390 Halme
mit 45 Körnern pro Ähre.
1000 Körner wiegen durchschnittlich 48 g.

Weizen – Ertrag bei schlechtem Boden

Auf einem Meterquadrat wachsen
durchschnittlich 360 Halme
mit 35 Körnern pro Ähre.
1000 Körner wiegen durchschnittlich 42 g.

1. Wie viele Körner werden durchschnittlich auf einem Meterquadrat geerntet
   a. auf gutem Boden,   b. auf schlechtem Boden?

2. Wie viel g Weizen werden durchschnittlich auf einem Meterquadrat geerntet
   a. auf gutem Boden,   b. auf schlechtem Boden?

3. Zählt 1 000 Weizenkörner und wiegt sie.
   Das Mehl aus 1 000 Körnern reicht ungefähr für 1 Brötchen.

4. Durchschnittlicher Brotverbrauch pro Kopf und Jahr:

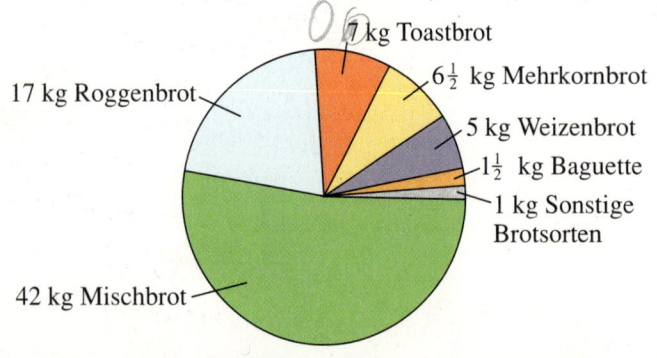

- 7 kg Toastbrot
- 6½ kg Mehrkornbrot
- 5 kg Weizenbrot
- 1½ kg Baguette
- 1 kg Sonstige Brotsorten
- 42 kg Mischbrot
- 17 kg Roggenbrot

Wie viel kg Brot isst eine Person im Jahr insgesamt?

*1995 kostete ein Brötchen 50 Pf. Für den Weizenanteil erhielt der Bauer weniger als 2 Pf. **Was sagst du dazu?***

2 Pf entsprechen ungefähr einem Cent.

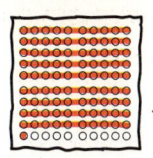

Milch

Milch ist ein sehr hochwertiges Lebensmittel. Sie enthält fast alle Nährstoffe, die der Mensch braucht.

1. 
a. Welche Milchprodukte kennst du?
b. Kannst du sie im Supermarkt finden? Wie viel kosten sie?

2. Zur Herstellung der Milchprodukte, die jede Person in Deutschland jährlich im Durchschnitt verzehrt, werden ungefähr 350 l Rohmilch von der Kuh benötigt. Eine Kuh gibt im Jahr durchschnittlich 5 500 l Milch.
a. Wie viele Menschen ungefähr können von einer Kuh versorgt werden?
b. In Deutschland gibt es etwa 5 Millionen Milchkühe. Wie viele Menschen ungefähr können von diesen Kühen versorgt werden?

3. Die deutschen Schulkinder trinken im Jahr etwa 132 Millionen Liter Schulmilchgetränke. Wie viele Kühe geben diese Menge Milch?

„Milch und Brot macht Wangen rot."

Der Betrag, den der Bauer für 1 l Milch bekommt, ist seit 20 Jahren kaum gestiegen. Ein Traktor, der 1980 etwa 35 000 DM gekostet hat, kostete 2000 aber etwa 60 000 DM.
Was sagst du dazu?

2 DM entsprechen ungefähr einem Euro.

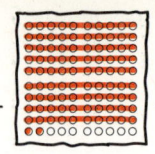

Meterwürfel

Maßstab 1:10

1. Baue einen Dezimeterwürfel.
   Du brauchst Tonpapier, eine Schere und Klebstoff.
   Zeichne zuerst mit einem Geodreieck das Würfelnetz auf das Tonpapier.
   Schneide dann das Würfelnetz aus.
   Falte einen Würfel und klebe ihn an den Klebelaschen zusammen.

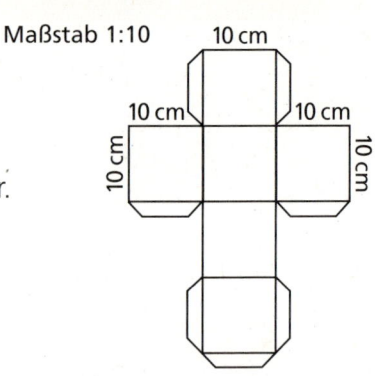

2. Probiere auch einen Zentimeterwürfel aus Karopapier herzustellen.
   Klebe den gefalteten Würfel mit Klebeband zusammen.

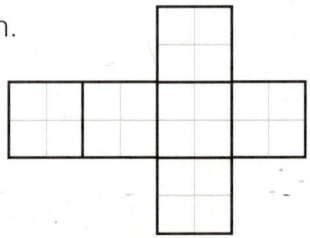

3. a. Wie viele Dezimeterwürfel passen in einen Meterwürfel?
   b. Wie viele Zentimeterwürfel passen in einen Dezimeterwürfel?
   c. Wie viele Zentimeterwürfel passen in einen Meterwürfel?

4. Ein Klassenraum ist 3 m hoch, 6 m breit und 10 m lang.
   Wie viele Meterwürfel passen in den Klassenraum?

5. a. In einen Dezimeterwürfel passt 1 l. Wie viel Liter passen in einen Meterwürfel?
   b. Wie viel Liter passen in den Klassenraum?

Wasser ist kostbar!

1 000 l Wasser kosten ungefähr 3,00 Euro.

Durchschnittlicher Wasserverbrauch pro Person am Tag:

- Kochen, Trinken — 3 l
- Geschirr spülen — 9 l
- Wäsche waschen — 17 l
- Körperpflege — 53 l
- Toilettenspülung — 46 l
- Sonstiges — 11 l
- Garten wässern — 6 l

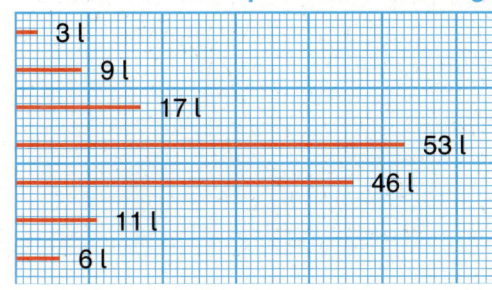

1 Vollbad 160 l
1 Duschbad 80 l

1 Waschgang:
Normalprogramm ca. 60 l
Sparprogramm ca. 45 l

1. Überschlage, wie viel Liter Wasser eine Person
  a. täglich,
  b. wöchentlich,
  c. jährlich verbraucht.

2. Wie viel Liter Wasser verbraucht eine Familie mit 4 Personen durchschnittlich an 1 Tag, in 1 Woche, in 1 Jahr?

3. a. Wie viel Euro kosten 10 l Wasser?
  b. Wie viel Euro muss eine Familie mit 4 Personen in einem Jahr ungefähr bezahlen?

4. Ein tropfender Wasserhahn verschwendet am Tag ungefähr 20 l.
  a. Wie viel Liter sind das in einem Jahr?
  b. Wie viel Euro kostet das in einem Jahr?

5. a. Wie viel Euro kostet das Wasser für ein Vollbad, wie viel für ein Duschbad?
  b. Wie viel Geld sparst du, wenn du 10 Vollbäder durch 10 Duschbäder ersetzt?

6. Eine Familie wäscht 4 Maschinen Wäsche in einer Woche. Wie viel Euro kostet das Wasser für einen Waschgang
  a. im Normalprogramm,
  b. im Sparprogramm?
  c. Wie viel Euro Wasserkosten spart diese Familie in einem Jahr, wenn sie immer nur mit dem Sparprogramm wäscht?

7. Eine Familie spart Wasser.

Wasserverbrauch pro Person an einem Tag:

Kochen, Trinken: 3 l   Geschirr spülen: 6 l
Wäsche waschen: 14 l   Körperpflege: 33 l
Toilettenspülung: 28 l   Sonstiges: 8 l
Garten wässern: 0 l (Regenwasser)

  a. Erstelle ein Diagramm wie in Aufgabe 1.
  b. Wie viel Liter Wasser verbraucht 1 Person an 1 Tag, in 1 Woche und in 1 Jahr?
  c. Vergleiche mit dem Durchschnittsverbrauch aus Aufgabe 1.

8. Für die Herstellung von 1 kg Papier aus Holz werden 280 l Wasser benötigt, für 1 kg Umweltschutzpapier aus Altpapier nur 2 l.

Zehn DIN-A5-Hefte wiegen 480 g. Überschlage, wie viel Liter Wasser bei jedem Heft gespart werden können.

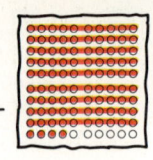

Fahrpreise

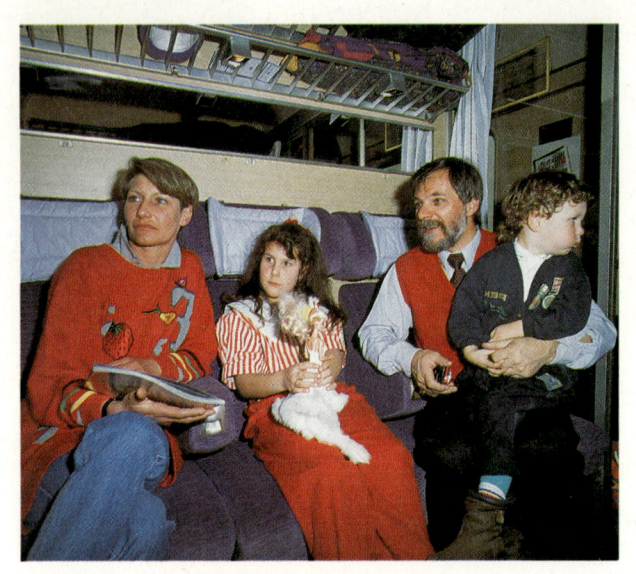

1. Lena, Sven und ihre Eltern wollen mit dem Zug von Stuttgart nach Tübingen fahren.
Am Bahnhof bekommen sie diese Information:

```
von        : Stuttgart Hbf
nach       : Tübingen Hbf
Reisedauer : 0 Stunden 43 Minuten
```

an	ab	Bahnhof	mit
	08:15	Stuttgart Hbf	RE 8103
08:58		Tübingen Hbf	

Preis: 8,40/12,60 Euro (2./1. Kl.)

a. Berechne den Fahrpreis für die Eltern.
b. Kinder zahlen die Hälfte. Berechne den Fahrpreis für Lena und Sven.
c. Wie viel Euro bezahlt die Familie insgesamt?
d. Berechne den Fahrpreis für die Hin- und Rückfahrt.

2. Reisen in Deutschland – Preise für einfache Fahrt, 2. Klasse

München – Hamburg ≈ 140 Euro   Bonn – Berlin ≈ 100 Euro
Dresden – Rostock ≈ 60 Euro   Leipzig – Frankfurt ≈ 55 Euro
Stuttgart – Dortmund ≈ 70 Euro Stuttgart – München ≈ 35 Euro

a. Hin- und Rückfahrt kosten das Doppelte.

Fahrpreis	Hin- und Rückfahrt
140 €	280 €
.....	

b. Kinder und Bahncard-Fahrer zahlen die Hälfte.

Fahrpreis	Halber Preis
140 €	70 €
.....	

c. 1. Klasse-Fahrten kosten etwa die Hälfte mehr.

2. Klasse	1. Klasse
140 €	210 €
.....	

3. Beim Mitfahrerpreis zahlt der erste Erwachsene den vollen Fahrpreis.
Jeder weitere Mitfahrer zahlt die Hälfte. Kinder zahlen die Hälfte des Kinderpreises.
Berechne mit den Fahrpreisen von Aufgabe 2.

a. 140 € | 210 €
...

b. 140 € | 175 €
...

c. 140 € | 280 €
...

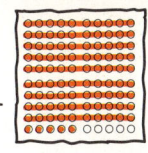

Fahrpläne

1. Erkläre die Zahlen und Zeichen des Abfahrtplanes.

2. Mit welchen Zügen könntest du von Freiburg nach Offenburg fahren?

3. Wann fährt der ICE nach Hamburg ab?
   a. Auf welchem Gleis fährt er ab?
   b. Wie lange fährt er bis Hamburg?
   c. Fährt der Zug auch sonntags?
   d. Wer war Seppl Herberger?

4. Özgul bringt seine Oma zum Zug. Sie möchte nach Mannheim fahren.
   a. Sie kommen um 9.35 auf den Bahnsteig. Wie lange müssen sie warten?
   b. Wie lange fährt die Oma bis Mannheim?
   c. Ein junger Mann verpasst diesen Zug. Wann fährt der nächste Zug nach Mannheim? Wie lange fährt er?

5. Ankunftplan DB Freiburg Hbf

   | 19.02 | IC 701 | *Konsul* | 3 |

   Ribnitz-Damgarten 7.31 – Hamburg Hbf 10.53 – Dortmund 13.38 – Mannheim 17.33 – Karlsruhe 17.59 – Offenburg 18.33

   Özgul möchte seine Oma vom Bahnhof abholen. Er rechnet für den Weg zum Bahnhof 25 min.
   Wann muss er etwa losfahren?

6. Berechne die Fahrzeiten von Freiburg nach Offenburg mit dem RE um 9.00 und dem ICE um 9.46.

7. Erfinde selbst Aufgaben.

8. Verwandle in Minuten: 1 h 10 min, 2 h 10 min, 1 h 45 min, 2 h 20 min, 3 h 40 min.

Abfahrtplan Freiburg Hbf

Zeit	Zug	Richtung		Gleis
9.00				
9.00	RE 8944	Denzlingen 9.06 –	außer ⑥	1
	RE 8942	Emmendingen 9.12 Riegel 9.17 – Kenzingen 9.21 – Herbolzheim 9.25 – Orschweier 9.30 – Lahr 9.36 – **Offenburg 9.46**	⑥ und †	2
9.02	ICE 271	*Johanna Spyri* Basel Bad 9.35 – Basel SBB 9.42 **Zürich 10.43**		3
9.05	SE 14708 2. Kl.	Denzlingen 9.13 – Waldkirch 9.24 – **Elzach 9.43** Hält nicht in Herdem und Zähringen	außer ⑥	6
			⑥ und †	1
9.07	RE 8903	Bad Krozingen 9.19 – Müllheim 9.30		4
	RE 8901	Bad Bellingen 9.39 – Haltingen 9.55		
	RE 8913	Weil (Rh) 9.58 – **Basel Bad 10.02**		
9.10	SE 15413	Alle Halte bis Titisee 9.48 – (RB Neustadt 10.00) Feldberg-Bärental 9.59 (Feldberg 10.25) – **Seebrugg 10.16**		7
9.21	D 350	*Arkona* Müllheim 9.38 – Basel Bad 10.06 – **Basel SBB 10.25**		3
9.25	SE 8013 2. Kl.	Bad Krozingen 9.40 – Staufen 9.51 – **Untermünstertal 10.04** Hält nicht in FR-St. Georgen		2
9.40	RE 3645	*Kleber-Express* Alle Halte bis Titisee 10.18 – Neustadt 10.25 – Donaueschingen 11.11 – Tuttlingen 11.48 – Sigmaringen 12.24 – Aulendorf 13.05 – Memmingen 14.19 – Buchloe 15.16 – **München 16.08**		6
9.46	ICE 76	*Seppl Herberger* Offenburg 10.13 – Karlsruhe 10.48 – Mannheim 11.14 – Frankfurt (M) 11.53 – Kassel Wilhelmshöhe 13.20 – Hannover 14.13 – Hamburg Hbf. 15.32 – **Kiel 16.41**		1
9.55	IC 504	*Schauinsland* Baden-Baden 10.41 – Karlsruhe 10.57 – Mannheim 11.26 (ICE Berlin 17.22) – Mainz 12.14 – Bonn 13.37 – Köln 14.00 – Düsseldorf 14.29 – Dortmund 15.21 – Münster 15.55 – Bremen 17.13 – **Hamburg-Altona 18.21**		1

Zeichenerklärung

ICE	InterCityExpress	†	an Sonntagen und allgemeinen Feiertagen
EC	EuroCity	✕	an Werktagen
IC	InterCity	①	Montag
IR	InterRegio	②	Dienstag
D	Schnellzug	③	Mittwoch
RE	RegionalExpress	④	Donnerstag
RB	RegionalBahn	⑤	Freitag
SE	StadtExpress	⑥	Samstag (Sonnabend)
	Schlafwagen	⑦	Sonntag
	Liegewagen 2. Klasse		Pass- und Zollabfertigung im fahrenden Zug
	Bord-Restaurant, Zugrestaurant		Zug mit Gepäckteil
	Bistro Café, Zugrestaurant		
	Getränke und kleines Speiseangebot		
	Imbiss und Getränke im Zug erhältlich		

ELEFANTEN

Das größte Säugetier an Land

Der afrikanische Dickhäuter wiegt 4–6 Tonnen. Allein seine Haut ist fast 1 Tonne schwer. Der große Zehnagel eines ausgewachsenen Elefanten ist größer als eine Menschenhand. Seine Ohren wiegen etwa 80 kg.

Elefantenbullen werden bis zu 4 Meter hoch und 6 Meter lang. In der Freiheit werden sie etwa 60 Jahre alt.

Elefantenbabys

Neugeborene Elefantenbabys wiegen etwa 100 kg und sind etwa 1 Meter hoch.

Sie trinken pro Tag 10 Liter Muttermilch, übrigens nicht mit dem Rüssel, sondern mit dem Maul. Das „Rüsseltrinken" müssen sie noch lernen.

Elefantenmütter

Elefanten wachsen langsam.

Erst nach 10 Jahren bekommt eine Elefantenkuh ihr erstes Baby. Die Tragzeit beträgt 20–22 Monate, also fast 2 Jahre.

Solange sich die Mutter um ihr Baby kümmert, bekommt sie kein neues Junges.

So liegen zwischen zwei Geburten einer Elefantenmutter immer 4–5 Jahre.

Der Chef ist eine Frau

Elefantenweibchen und ihre Jungen leben in Familiengruppen zusammen. Die Führung der Herde übernimmt das größte Weibchen, die sogenannte Leitkuh.

Erwachsene Elefantenbullen sind Einzelgänger.

Wege und Geschwindigkeiten

Elefanten gehen wie Kamele im sogenannten Passgang: 4 bis 6 km in der Stunde, sie können aber auch leicht doppelt so schnell laufen.

So erreichen sie sogar manchmal Geschwindigkeiten von bis zu 35 km in der Stunde.

Um den hohen Nahrungsbedarf zu decken, müssen sie täglich 15-20 km gehen.

---

1 a. Wie viele Autos sind so schwer wie ein Elefant?
b. Wie viele Kinder sind so schwer wie ein Elefant?

2. Wie viele Menschenbabys (etwa 3,5 kg) wiegen so viel wie ein Elefantenbaby?

3. Wie viele Babys kann eine Elefantenmutter (bis 40 Jahre) bekommen?

4 a. Wie viel Zeit bleibt dem Elefanten zum Schlafen?
b. Wie viel „Rüsselvo... Wasser trinkt der Elefant täglich?

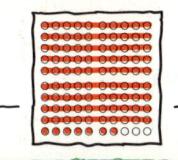

Weißes Gold – die größte Gefahr

Afrikanische Elefanten werden oft wegen ihrer großen, kostbaren Stoßzähne getötet, obwohl dies strengstens verboten ist. Für ein Kilogramm Elfenbein bekommen diese Wilderer von Verbrechern viel Geld.

1984 kostete 1 Kilogramm Elfenbein 20 DM, 1992 schon 500 DM. Pro Jahr gelangen immer noch 800 Tonnen Elfenbein auf den Markt, davon 600 Tonnen von Wilderern. Man schätzt, dass jährlich 100 000 Elefanten geschossen werden.

Stoßzähne sind unterschiedlich groß und schwer. Es gab schon Stoßzähne, die über 4 m lang waren und zusammen über 150 kg wogen.

Nahrung: Gras, Laub und Wasser

Elefanten brauchen täglich bis zu 150 kg Pflanzennahrung, wie Gras, Laub, Äste. Manchmal reißen sie ganze Bäume aus, um an die Blätter zu gelangen.

Um ihren großen Hunger zu stillen, müssen die Elefanten täglich 17 bis 19 Stunden fressen.

Die Elefanten sind schlechte Nahrungsverwerter. Täglich verlassen 75 kg Kot den Körper in 15 Sitzungen. Ein Kotballen wiegt 2 kg.

Jeden Tag trinkt ein Elefant etwa 80 Liter Wasser. Er saugt es erst in den Rüssel und spritzt es dann in den Mund. Ein „Rüsselvoll" Wasser sind ≈ 16 Liter.

ELEFANTEN (geschätzte Bestände 1994)

- OSTAFRIKA 102.000 – 122.000
- WESTAFRIKA 10.000 – 17.000
- ZENTRALAFRIKA 268.000
- SÜDAFRIKA 155.000 – 233.000
- AFRIKANISCHER ELEFANT
- INDISCHER ELEFANT 40.000

Tierschutz

Um den Elefanten zu schützen unterliegt die Einfuhr von Elfenbein nach Deutschland einer strengen Kontrolle.

In immer mehr Ländern steht der illegale Elfenbeinhandel unter Strafe.

5. Vergleiche die Geschwindigkeiten eines Fußgängers (4 km in der Stunde) und eines Radfahrers (20 km in der Stunde) mit der eines Elefanten.

6a. Wie viele Elefanten wurden 1994 in Afrika geschätzt?
b. Wie viele Elefanten wurden 1994 weltweit (in Afrika und Asien) geschätzt?
c. Vergleiche mit den Beständen: 1970 / 2 000 000 Elefanten, 1980 / 1 300 000 Elefanten.

7. Was sagst du zu folgender Behauptung: „Es gibt noch viel mehr als eine halbe Million Elefanten. Sie sind deshalb gar nicht bedroht."
Versuche, mit Zahlen zu argumentieren.

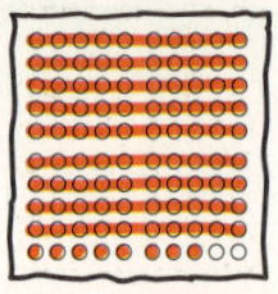

ERFINDUNGEN

1. Vor wie vielen Jahren wurden die Erfindungen gemacht? Zeige an der Zeitleiste!

2. Der Zeitabstand von Mutter zu Kind,
von Großmutter zu Mutter,
von Urgroßmutter zu Großmutter,
also von Generation zu Generation
beträgt jeweils etwa 25 Jahre.
   a. Wie viele solcher Generationen lebten von Christi Geburt bis heute?
   b. Vor wie vielen Generationen wurden die Erfindungen gemacht?

GELD — 700 vor Chr.
Früher gab es nur Tauschhandel: Ware gegen Ware.
Das erste Münzgeld aus Gold und Silber gab es ungefähr 700 v. Chr.

ALPHABET — 1600 vor Chr.
Als Menschen zum ersten Mal etwas schrieben, benutzten sie keine Buchstaben.
Für jedes Wort gab es eigene Bilder. Aus den Bildern entwickelten die Menschen dann die Buchstaben und damit das Alphabet.

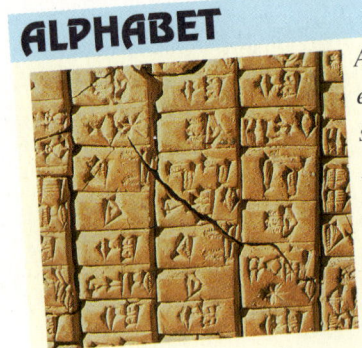

PAPIER — 105 nach Chr.
Früher schrieben die Menschen auf Stein, Holz, Tierhäuten und auf Papyrus, einer Schilfpflanze.
Das Papier wurde in China erfunden. Erst 751 nach Chr. verrieten chinesische Gefangene den Arabern das Geheimnis der Papierherstellung.
Von dort kam es zu uns.

vor CHRISTI GEBURT nach
200 100 0 100 200 300 400 500 600 700 800 900 10...

ALTERTUM

Im alten Rom gab es keine Ziffern, sondern Zahlzeichen aus Buchstaben:
I = 1, V = 5, X = 10, L = 50, C = 100, D = 500, M = 1000.

So schrieben die römischen Kinder mit ihren Griffeln die Zahlreihe:
I, II, III, IV, V, VI, VII, VIII, IX, X, XI, XII, XIII, XIV, XV, XVI, XVII, XVIII, XIX, XX, XXI, ...

Steht ein Zahlzeichen rechts neben gleichen oder höheren Zahlzeichen, so wird sein Wert addiert, steht es links neben einem höheren, so wird sein Wert subtrahiert.

Beispiele: MMC = 1000 + 1000 + 100, MCM = 1000 + 1000 – 100

Delta-Spiel: Auf dem Boden wird ein großes Dreieck mit Zahlen aufgezeichnet. Jeder wirft aus 2–3 Metern Entfernung 5 Nüsse in das Dreieck. Die Punkte der getroffenen Felder werden addiert und nach Römerart aufgeschrieben, Beispiel: XIV.
Wer nach mehreren Runden die höchste Punktzahl hat, gewinnt.

BUCHDRUCK
1440 nach Chr.

Durch die Erfindung von Johannes Gutenberg mussten Bücher nicht mehr zeitaufwendig mit der Hand geschrieben werden. Die Buchstaben wurden dabei einzeln von Hand gesetzt. Erst 1886 wurde eine Maschine erfunden, die ganze Textzeilen in einem Block herstellte. Dies machte den schnellen Druck von Zeitungen möglich.

UHR
950 nach Chr.

Früher mussten die Leute die Uhrzeit am Sonnenstand ablesen.
Die erste große Räderuhr wurde 950 nach Chr., die erste kleinere Taschenuhr wurde 1510 nach Chr. von Peter Henlein erfunden.

METER
1790 nach Chr.

Früher gab es von Land zu Land, oft von Stadt zu Stadt, verschiedene Maße, so auch bei den Längen. Eine Elle war überall verschieden lang.
1790 beschlossen französische Wissenschaftler, den Meter einzuführen. Das neue Längenmaß wurde als der vierzigmillionste Teil des Erdumfangs festgesetzt.
Erst 1875 wurde der Meter in Deutschland eingeführt. Heute ist überall auf der Welt 1 Meter gleich 1 Meter.

CHIP
1959 nach Chr.

Erst nach der Herstellung von winzigen Schaltkreisen (Chips) konnten Computer, Taschenrechner, elektronische Kassen usw. hergestellt werden.
Je kleiner die Chips wurden, desto mehr konnten die Geräte leisten.
Der erste Chip (ein quadratisches Siliziumplättchen mit ungefähr 1–2 mm Seitenlänge) wurde 1959 hergestellt. 1971 gab es den ersten Chip, der die Funktionen eines Taschenrechners übernehmen konnte.

| 1100 | 1200 | 1300 | 1400 | **1500** | 1600 | 1700 | 1800 | 1900 | **2000** | 2100 | 2200 |

NEUZEIT

Heute schreibt man Zahlen mit Ziffern. Für das Lesegerät der Computerkasse werden Zahlen als Strichcode („Zebrastreifen") geschrieben. Die Computerkasse kann aufgrund der gelesenen 13-stelligen EAN-Nummer (Europäische Artikelnummer) feststellen, welcher Artikel gekauft wurde und wie viel er kostet.

Der Computer merkt sogar meistens, wenn das Lesegerät falsch liest, z.B. wenn der Zebrastreifen schadhaft ist. Dazu werden von links nach rechts die Ziffern abwechselnd mit 1 und 3 malgenommen und addiert. Nur wenn die Summe eine Zehnerzahl ist, wird sie angenommen, und es gibt einen Piepton.

Beispiel:
4 0 0 3 3 8 1 8 2 2 5 0 2
4·1 + 0·3 + 0·1 + 3·3 + 3·1 + 8·3 + 1·1 + 8·3 + 2·1 + 2·3 + 5·1 + 0·3 + 2·1
4 + 0 + 0 + 9 + 3 + 24 + 1 + 24 + 2 + 6 + 5 + 0 + 2 = 80

4 003381 822502

EAN-Nummern findest du nahezu auf allen Artikeln, auch auf dem Umschlag des Zahlenbuchs. Erhältst du auch hier eine Zehnerzahl?

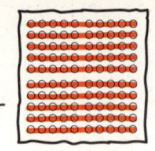

Wohnen

1. Familie Fallenstein sucht eine Wohnung.
Sie liest diese Anzeige:

> Gepfl. 4 Zimmer, Küche, Bad, Terrasse, in 5-Familienhaus, Wfl. ca. 90 m², frei ab 1.6., Miete 640 Euro + NK + Kaution, Zuschr. erb. u. 68A 0076

Auf ihre Zuschrift erhält sie
einen Wohnungsgrundriss im Maßstab 1:100.
1 cm in der Zeichnung entspricht 100 cm = 1 m in der Wirklichkeit.

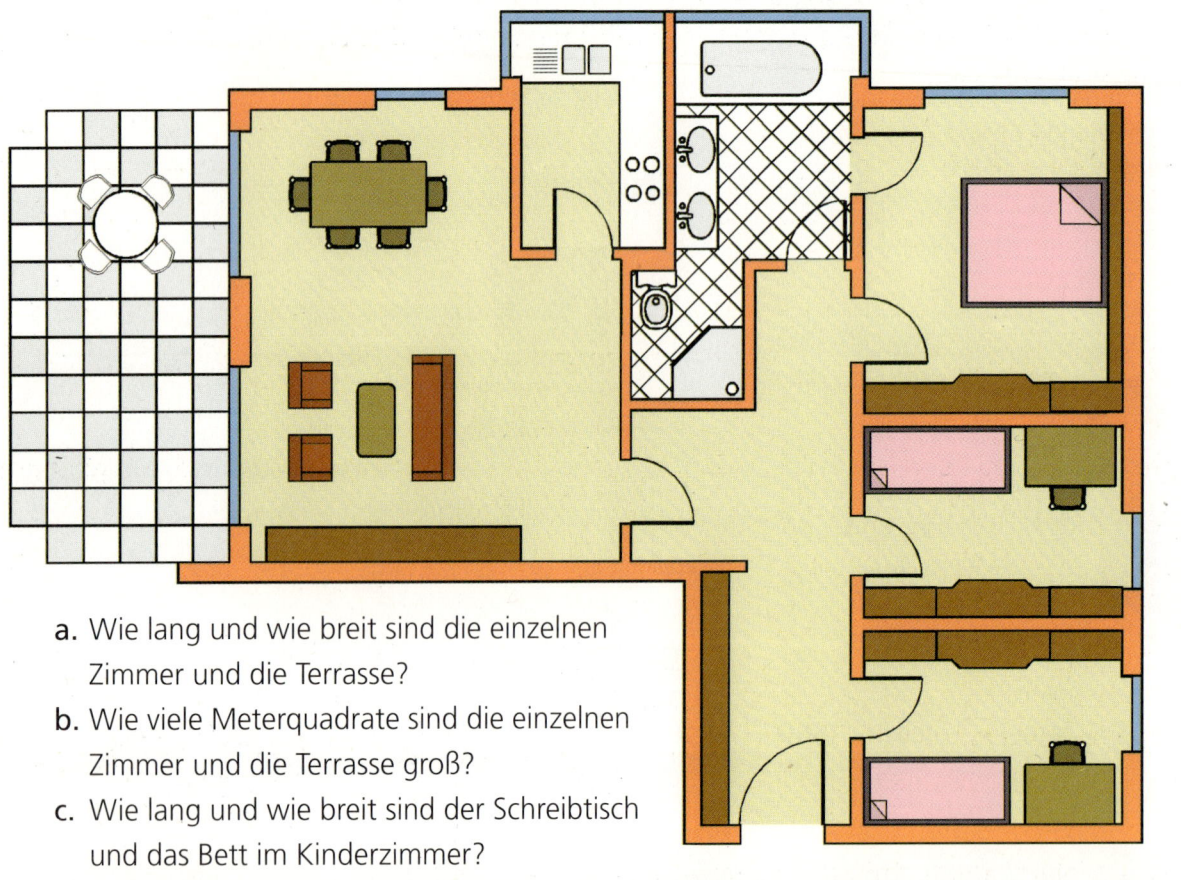

a. Wie lang und wie breit sind die einzelnen Zimmer und die Terrasse?
b. Wie viele Meterquadrate sind die einzelnen Zimmer und die Terrasse groß?
c. Wie lang und wie breit sind der Schreibtisch und das Bett im Kinderzimmer?
d. Die beiden Kinderzimmer sollen mit Teppichfliesen (50 cm x 50 cm) ausgelegt werden. Wie viele Fliesen werden benötigt?

Krawattenknoten

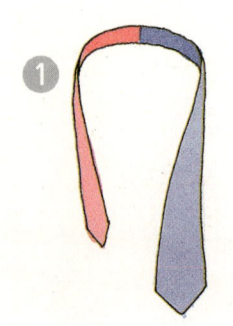

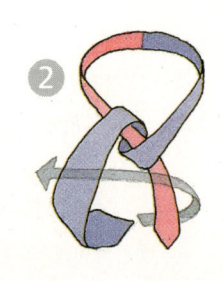

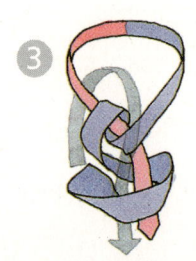

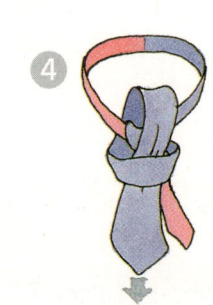

① ② ③ ④

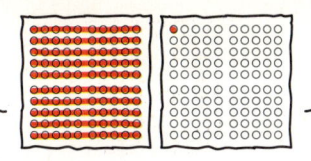

1. Fabians Kinderzimmer soll neu tapeziert werden.
Er hat sich diese Tapete ausgesucht.

Breite 52 cm
Länge 10 m 5 cm
Preis 6,95 €

4 m 50 cm
2 m 50 cm
3 m 50 cm

Die Tapete muss in Bahnen zerschnitten werden.
Eine Tapetenbahn reicht vom Fußboden bis zur Zimmerdecke.

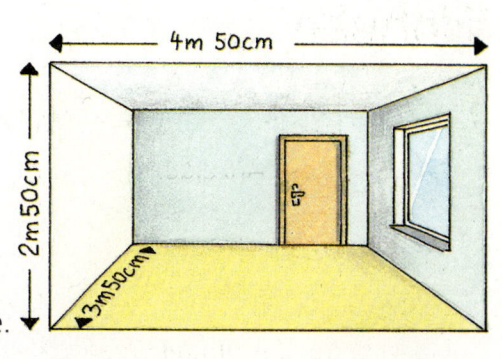

a. Wie viele Tapetenbahnen können aus einer Rolle geschnitten werden?
b. Fabian überlegt, wie viele Tapetenbahnen für sein Zimmer gebraucht werden.
Er zeichnet eine Skizze.

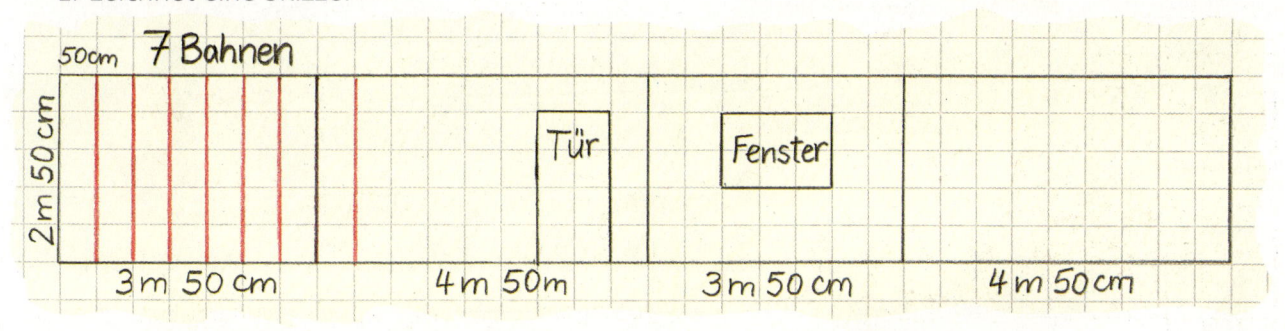

50 cm 7 Bahnen
2 m 50 cm
3 m 50 cm   4 m 50 m   3 m 50 cm   4 m 50 cm
Tür   Fenster

c. Wie viele Rollen Tapete müssen für Fabians Zimmer gekauft werden, damit man sicher auskommt?
d. Wie hoch sind die Kosten für die Tapete ungefähr? Überschlage.

2. Fabians Zimmerdecke soll
neu gestrichen werden.
Die Menge der Farbe wird
nach der Größe der Decke berechnet.

Innenfarbe lösungsmittelfrei

2,5 L ausreichend für 15 m² – 10,95 €
5 L ausreichend für 30 m² – 17,95 €

a. Wie viele Meterquadrate (m²) ist die Zimmerdecke ungefähr groß?
Fabian überlegt
und zeichnet eine Skizze:

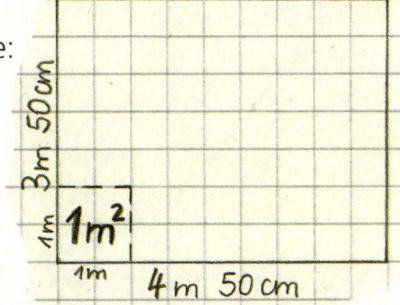

3 m 50 cm
1 m²
1 m   4 m 50 cm

b. Wie viel Farbe wird für das
Streichen der Decke benötigt?

Fußleisten	Länge 2,50 m
Kiefer	4,95 €
Kunststoff	2,95 €

3. Schließlich sollen auch noch neue Fußleisten angebracht werden.

4. Berechne die ungefähren Kosten für die gesamte Renovierung von Fabians Zimmer.

Rothenburg ob der Tauber

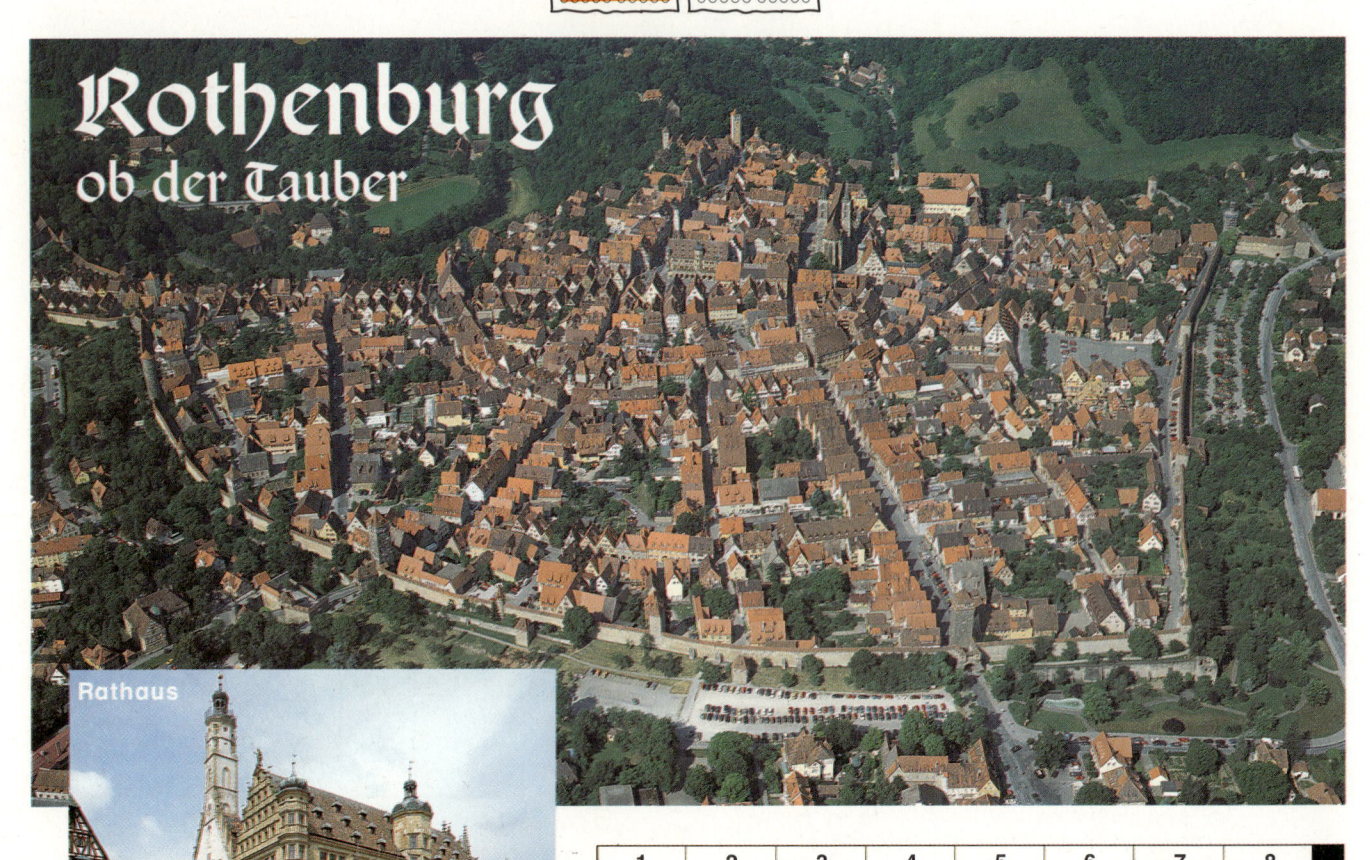

Rathaus

Vergleiche Plan und Bild.

a. In welchem Planquadrat liegt der Marktplatz?

b. Wo liegt das Rathaus?

c. Welche Straßen führen zum Marktplatz?

d. Liegen die Parkplätze innerhalb oder außerhalb der Stadtmauern?

e. Wie viele Türme hat die St.-Jakobs-Kirche?

f. Wie viele Autos stehen auf dem Parkplatz P1? Schätze.

g. Wie viele eckige und runde Türme hat die Stadtmauer zwischen Rödergasse und Galgengasse?

h. Wie weit ist es ungefähr vom Schrannenplatz zum Plönlein?

i. Von welcher Stelle etwa wurde das Rathaus fotografiert?

j. Welche Straßen liegen im Planquadrat 5C?

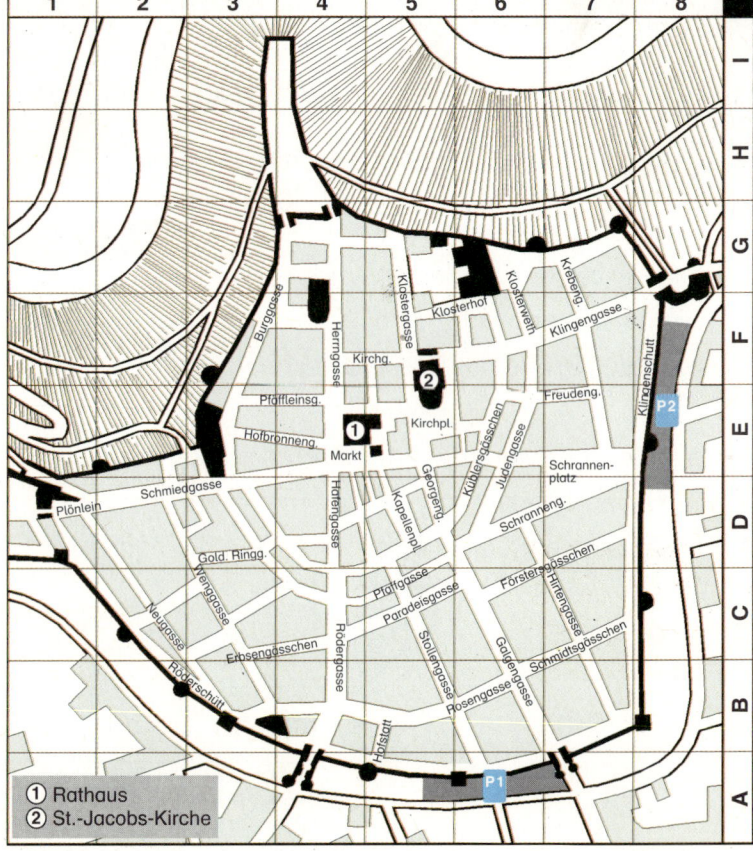

① Rathaus
② St.-Jacobs-Kirche

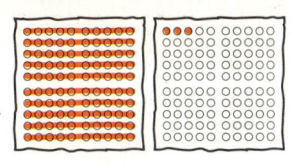

Brüche

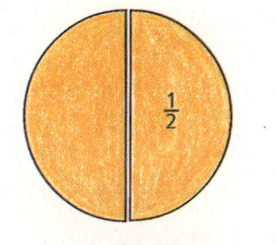

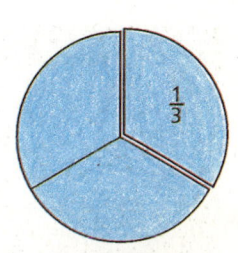

1. Zerlege Kreise in zwei, drei, vier, fünf, sechs, acht und zehn gleiche Teile und schneide sie aus.

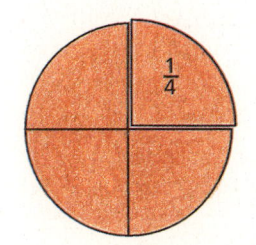

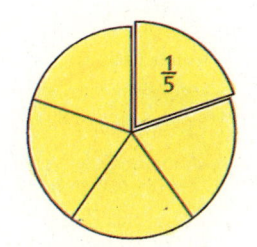

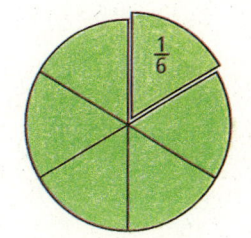

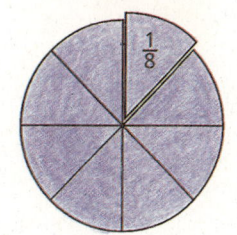

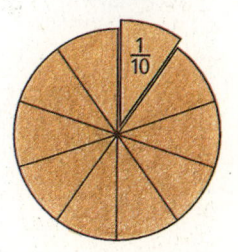

2. Setze aus verschiedenen Bruchteilen einen Kreis zusammen.
Schreibe die Brüche auf.
Finde verschiedene Möglichkeiten.

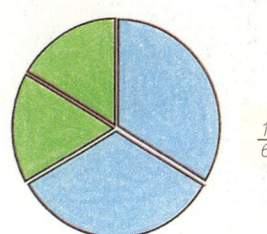

$\frac{1}{6} + \frac{1}{6} + \frac{1}{3} + \frac{1}{3}$

3. Setze aus verschiedenen Bruchteilen einen halben Kreis zusammen.
Schreibe die Brüche auf. Finde verschiedene Möglichkeiten.

4. Was ist gleich?

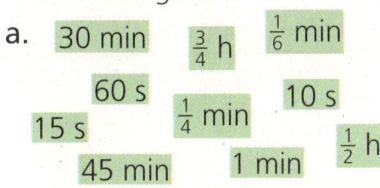

a. 30 min, $\frac{3}{4}$ h, $\frac{1}{6}$ min, 60 s, 10 s, $\frac{1}{4}$ min, 15 s, $\frac{1}{2}$ h, 45 min, 1 min

b. 5 cm, 1 dm, 25 cm, $\frac{1}{5}$ m, 500 m, $\frac{1}{10}$ m, 10 cm, 20 cm, $\frac{1}{2}$ dm, $\frac{1}{4}$ m, $\frac{1}{2}$ km

c. $\frac{1}{10}$ t, 500 g, 200 kg, $\frac{1}{8}$ kg, 100 kg, $\frac{1}{5}$ t, $\frac{1}{2}$ kg, 125 g, 250 g, $\frac{1}{4}$ kg

a. 30 min = $\frac{1}{2}$ h

5. Wie groß ist der Anteil der einzelnen Farben?   a. schwarz: $\frac{1}{3}$, rot: $\frac{1}{3}$, gold: $\frac{1}{3}$

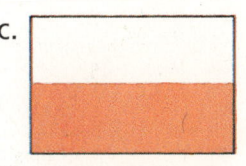

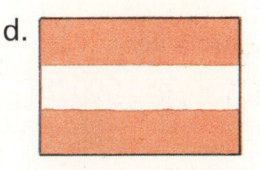

a. Deutschland
b. Frankreich
c. Polen
d. Österreich
e. Spanien

f. Yin und Yang
g. Der grüne Punkt
h. Lottosymbol
i. Schachbrett
j. Warnbake

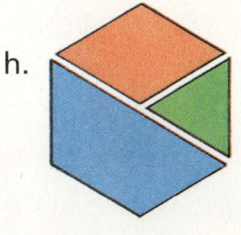

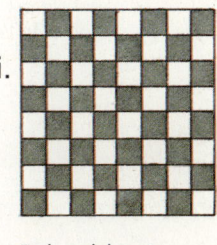

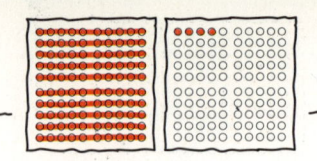

Der Taschenrechner

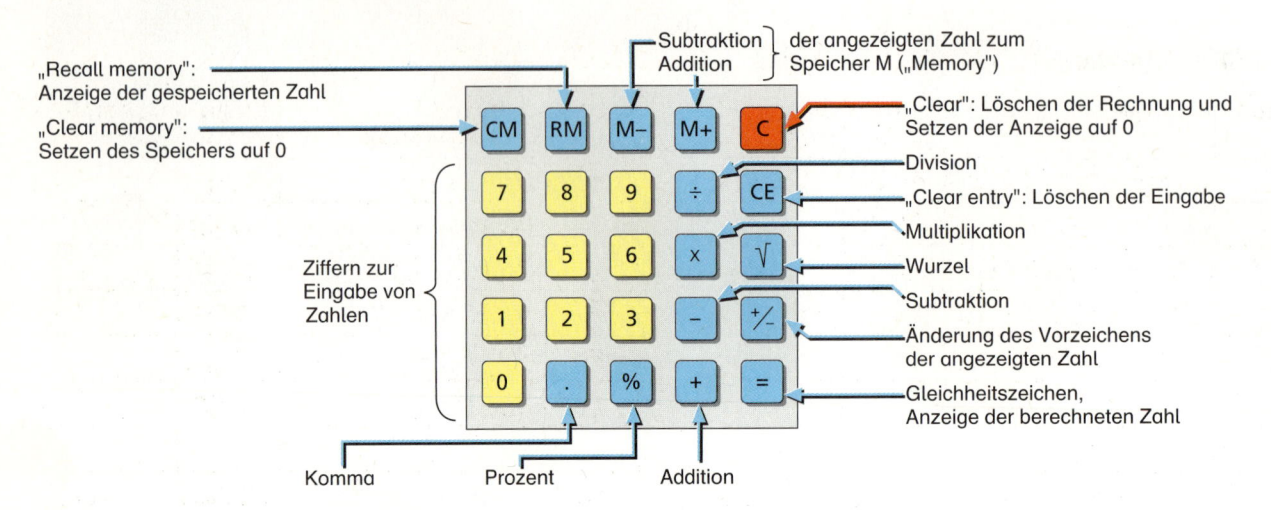

"Recall memory": Anzeige der gespeicherten Zahl

"Clear memory": Setzen des Speichers auf 0

Subtraktion / Addition } der angezeigten Zahl zum Speicher M („Memory")

„Clear": Löschen der Rechnung und Setzen der Anzeige auf 0

Division

„Clear entry": Löschen der Eingabe

Multiplikation

Wurzel

Subtraktion

Änderung des Vorzeichens der angezeigten Zahl

Gleichheitszeichen, Anzeige der berechneten Zahl

Ziffern zur Eingabe von Zahlen

Komma   Prozent   Addition

1. Vergleiche mit deinem Taschenrechner.

2. Tippe verschiedene Zahlen ein und lösche sie wieder.
Welches ist die größte Zahl, die dein Taschenrechner anzeigen kann?

3. Tippe Aufgaben ein und prüfe, ob dein Taschenrechner richtig rechnet.

Aufgaben: Tippe ein:
a. 2 + 3   [2] [+] [3] [=]   b. 1000 : 2   c. 500 − 200   d. Kannst du auch diese
   13 − 5   [1] [3] [−] [5] [=]   100 : 4   250 − 50   Aufgaben mit dem
   3 · 4   [3] [x] [4] [=]   200 : 10   1000 − 1   Taschenrechner rechnen?
   20 : 5   [2] [0] [÷] [5] [=]   8 · 10   420 + 3   (7 + 3) · 9
   6 · 0   [6] [x] [0] [=]   4 · 25   2000 + 1   7 + 3 · 5

4. Rechne mit dem Taschenrechner und prüfe mit einem Überschlag.
a. 587 − 98   b. 488 + 201   c. 19 · 17   d. 297 : 3   e. Denke dir selbst
   603 − 399   713 + 298   21 · 18   412 : 4   Aufgaben aus.

5. Division mit und ohne Rest.
a. 100 : 4   b. 1000 : 8   c. 13 : 2   d. 15 : 3   e. 100 : 10
   100 : 3   100 : 8   21 : 4   16 : 3   100 : 11
f. Was zeigt dein Taschenrechner an, wenn du durch 0 teilst?

6. Kannst du auch diese Aufgaben mit dem Taschenrechner lösen?
a. 9873 · 1995   b. 9765 · 10000   c. 123456 · 123456   d. 100000 · 100000

7a. Tippe 6 + 3 ein. Drücke immer wieder [=]. Welche Zahlen erhältst du?
Kannst du vor dem Drücken vorhersagen, welche Zahl du erhältst?
b. Verfahre ebenso mit 1 + 2, 11 + 11, 10 · 10, 1024 : 2 und 10 − 2.

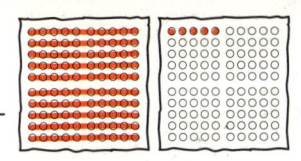

1. Löse mit Hilfe des Taschenrechners. Berechne die Gesamtpreise, prüfe mit einem Überschlag.

a.
Elektrowaren Brückmann

Anzahl	Artikel	Einzelpreis	Gesamtpreis
2	Dreifachstecker	4,95	
4	Glühbirnen (60 Watt)	0,95	
3	Glühbirnen (100 Watt)	1,25	
1	Deckenfluter	119,-	
2	Hängeleuchten	27,-	

Verkäufer 002212-95 TOTAL Euro

Umtausch nur innerhalb von 14 Tagen gegen Vorlage dieses Kassenzettels.

b.
Gartencenter Fink

Anzahl	Artikel Bezeichnung	Einzelpreis	Gesamtpreis
5	Geranien	1,45	
8	Petunien	0,80	
2	Kamillenbäumchen	17,45	
3	Blumenerde	2,95	
1	Gießkanne	6,40	
1	Spaten	14,90	

Verkäufer 2269-6 TOTAL Euro

Bei Irrtum und Umtausch bitte diesen Zettel innerhalb von 8 Tagen vorlegen.

2. Berechne, wie viel Euro bei Ratenzahlung mehr bezahlt werden muss.

a. ÖkoWaschmaschine 949,-
Ratenzahlung monatlich: 15 Raten à 72,-

b. Videorecorder 799,- mit Hifi-Stereo Sound
Ratenzahlung monatlich: 18 Raten à 53,-

3. Carl Friedrich Gauß gehört zu den bedeutendsten Mathematikern, die je gelebt haben. Er wurde 1777 in Braunschweig geboren.

Seine Begabung zeigte sich bereits in der Grundschule.

Einmal stellte ihm sein Lehrer die riesige Plusaufgabe:
81 297 + 81 495 + 81 693 + 81 891 + ... + 100 503 + 100 701 + 100 899.

Dabei müssen 100 Zahlen addiert werden, von denen jede 198 größer ist als die vorhergehende.

Der zehnjährige Gauß schaute sich die Aufgabe an und nannte das Ergebnis nach einer Minute: 9 109 800.

a. Wie hat er wohl gerechnet?
b. Rechne mit dem Taschenrechner nach.

Carl Friedrich Gauß
30.4.1777 – 23.2.1855

Über die Million hinaus

Die Sonne hat einen Durchmesser von ≈ 1 400 000 km. Sie ist etwa 150 Millionen km von der Erde entfernt.

Auf der Erde leben derzeit 5,6 Milliarden Menschen.

Das Alter der Erde wird auf ≈ 5 Milliarden Jahre geschätzt. Das Leben auf der Erde besteht seit etwa 3 Milliarden Jahren.

Ein Kabeljau legt in einem Jahr 6 500 000 Eier, ein Steinbutt 9 000 000 und ein Stör 6 000 000 Eier.

Wie groß eine Zahl auch sei, man kann sich immer eine größere vorstellen, und weiter noch eine, welche die letzte übersteigt.
Blaise Pascal (1623–1662)

Trillionen	Billiarden			Billionen			Milliarden			Millionen			Tausender			Einer		
T	HBd	ZBd	Bd	HB	ZB	B	HMd	ZMd	Md	HM	ZM	M	HT	ZT	T	H	Z	E
									1	0	0	0	0	0	0	0	0	0
						1	0	0	0	0	0	0	0	0	0	1	0	0
			2	0	0	0	4	2	0	0	0	2	4	0	0	0	4	2
	4	3	2	1	0	1	2	3	4	3	2	1	0	0	1	2	3	4
1	1	1	1	1	1	1	1	1	1	1	1	1	1	1	1	1	1	1

1. Wie heißen die Zahlen?

2. Wie viele Nullen haben die Zahlen?

a. 1 Million
   1 Milliarde

b. 1 Billion
   1 Trillion

c. 10 Tausender
   10 Millionen

d. 100 Milliarden
   100 Billiarden

3a. Wie viele Millionen hat 1 Milliarde, 1 Billion, 1 Billiarde?

  b. Wie viele Tausender hat 1 Milliarde, 1 Billion, 1 Billiarde?

4. Schreibe auf und lies.
  a. 1 mehr als 1 Million, als 10 Millionen, als 100 Millionen.
  b. 1 weniger als 1 Million, als 10 Millionen, als 100 Millionen.
  c. 5 mehr als 10 Milliarden, als 10 Billionen, als 100 Billiarden.

5a.
```
      1 +     1
     22 +    22
    333 +   333
   4444 +  4444
   .....
```
b.
```
     98 −    89
    987 −   889
   9876 −  8889
  98765 − 88889
   .....
```
c.
```
  1·2
  1·2·3
  1·2·3·4
  1·2·3·4·5
  .....
```
d.
```
     1·8 + 1
    12·8 + 2
   123·8 + 3
  1234·8 + 4
   .....
```
e.
```
    0·9 + 1
    1·9 + 2
   12·9 + 3
  123·9 + 4
   .....
```

6. Zum Zahlenschreiben benötigt man Zeit. Welche Zahl kannst du in 5 Sekunden schreiben? Wer schreibt die größte Zahl?

7. Welche ist die größte Zahl, die du dir denken kannst? Addiere zu dieser Zahl 1.

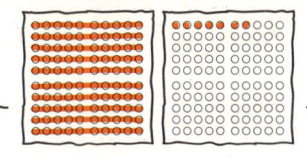

Arten im Tierreich

Wie viele verschiedene Arten im Tierreich sind heute bekannt?
Vermute zuerst. Rechne dann die Summe aus.

Einzellige Tiere: 27 000 Arten

Mehrzellige Tiere:

Schwämme: 5 000 Arten

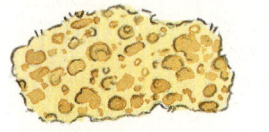

Nesseltiere: 9 000 Arten

Stachelhäuter: 6 000 Arten

Würmer:
Plattwürmer .... 16 000 Arten
Rundwürmer .... 32 000 Arten
Ringelwürmer .... 17 000 Arten

Weichtiere:
Schnecken .... 110 000 Arten
Muscheln .... 20 000 Arten
Tintenfische .... 3 000 Arten

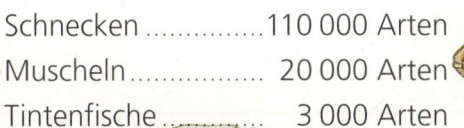

Gliederfüßer:
Tausendfüßer .... 11 000 Arten
Krebstiere .... 39 000 Arten
Spinnen .... 38 000 Arten
Käfer .... 350 000 Arten
Schmetterlinge .... 110 000 Arten
sonstige Insekten ...... 394 000 Arten

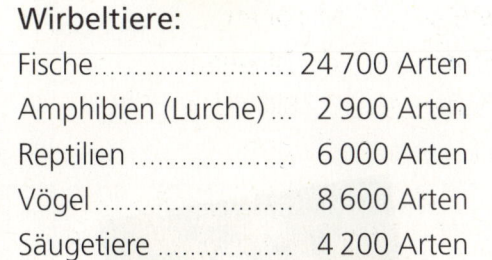

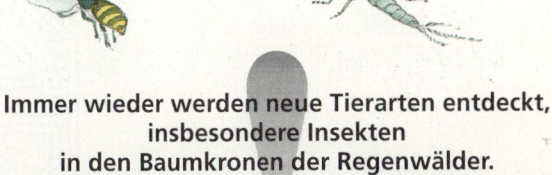

Wirbeltiere:
Fische .... 24 700 Arten
Amphibien (Lurche) ... 2 900 Arten
Reptilien .... 6 000 Arten
Vögel .... 8 600 Arten
Säugetiere .... 4 200 Arten

Immer wieder werden neue Tierarten entdeckt,
insbesondere Insekten
in den Baumkronen der Regenwälder.
Viele Tierarten sind heute gefährdet,
weil der Mensch ihren Lebensraum zerstört.
*Aber der Mensch kann nur zusammen mit den
anderen Lebewesen überleben!*

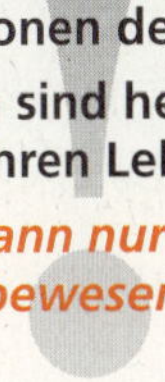

Die Daten sind ungefähre Angaben.

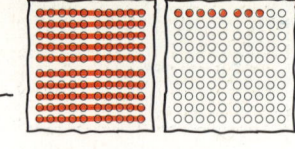

Mandalas

1. Zeichne mit der Zeichenuhr ein regelmäßiges Dreieck und ein regelmäßiges Viereck.

• Halbiere jeweils mit dem Lineal die Seiten.
— Verbinde die Halbierungspunkte.
Zeichne bei den inneren Figuren ebenso weiter.
Wie weit kommst du? Male die Figuren schön aus.

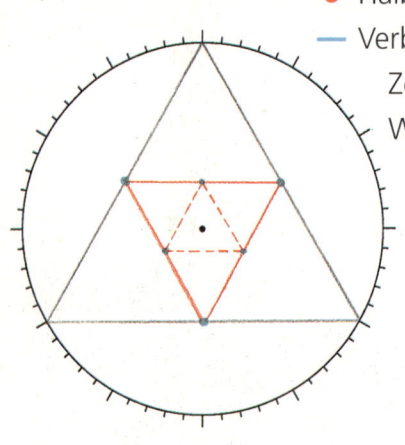

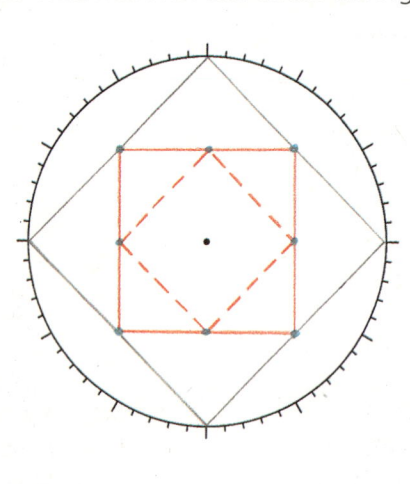

Probiere es auch mit einem regelmäßigen Fünfeck und einem regelmäßigem Sechseck.

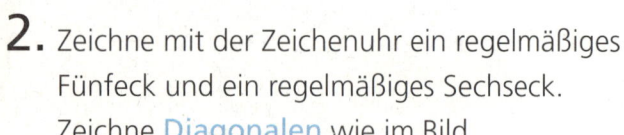

2. Zeichne mit der Zeichenuhr ein regelmäßiges Fünfeck und ein regelmäßiges Sechseck.
Zeichne Diagonalen wie im Bild.
Du erhältst innen ein kleines Fünfeck und ein kleines Sechseck

Zeichne ebenso weiter.
Wie weit kommst du?
Male die Figuren schön aus.

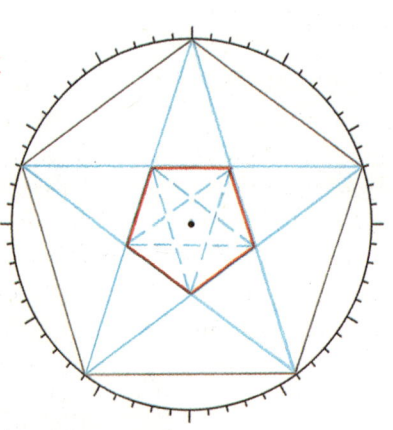

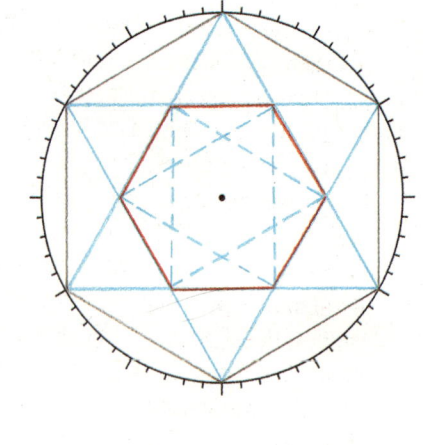

3. Mandalas aus aller Welt.

Kirchenschmuck aus Deutschland

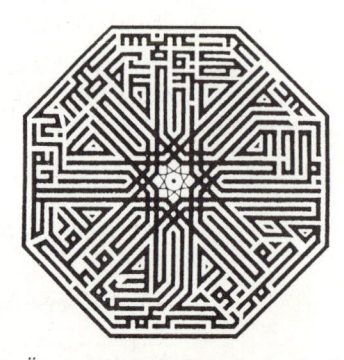

Ägyptisches Achteck-Symbol

Schneekristall - ein Mandala der Natur

108

1, 2 Kopiervorlage

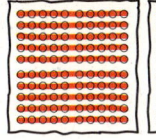

Der Kleine Prinz

Wenn ich euch dieses nebensächliche Drum und Dran über den Planeten B 612 erzähle und euch sogar seine Nummer anvertraue, so geschieht das der großen Leute wegen. Die großen Leute haben eine Vorliebe für Zahlen. Wenn ihr ihnen von einem neuen Freund erzählt, befragen sie euch nie über das Wesentliche. Sie fragen euch nie: Wie ist der Klang seiner Stimme? Welche Spiele liebt er am meisten? Sammelt er Schmetterlinge? Sie fragen euch: Wie alt ist er? Wie viel Brüder hat er? Wie viel wiegt er? Wie viel verdient sein Vater? Dann erst glauben sie, ihn zu kennen.
Wenn ihr zu den großen Leuten sagt: Ich habe ein sehr schönes Haus mit roten Ziegeln gesehen, mit Geranien vor den Fenstern und Tauben auf dem Dach ... dann sind sie nicht imstande, sich dieses Haus vorzustellen. Man muss ihnen sagen: Ich habe ein Haus gesehen, das hunderttausend Franken wert ist. Dann schreien sie gleich: Ach, wie schön!
So auch, wenn ihr ihnen sagt: Der Beweis dafür, dass es den kleinen Prinzen wirklich gegeben hat, besteht darin, dass er entzückend war, dass er lachte und dass er ein Schaf haben wollte; denn wenn man sich ein Schaf wünscht, ist es doch ein Beweis dafür, dass man lebt – dann werden sie die Achseln zucken und euch als Kinder behandeln. Aber wenn ihr ihnen sagt: Der Planet, von dem er kam, ist der Planet B 612, dann werden sie überzeugt sein und euch mit ihren Fragen in Ruhe lassen. So sind sie. Man darf ihnen das nicht übel nehmen. Kinder müssen mit großen Leuten viel Nachsicht haben.

„Guten Tag", sagte der kleine Prinz.
„Guten Tag", sagte der Händler.
Er handelte mit höchst wirksamen, durststillenden Pillen. Man schluckt jede Woche eine und spürt überhaupt kein Bedürfnis mehr zu trinken.
„Warum verkaufst du das?", sagte der kleine Prinz.
„Das ist eine große Zeitersparnis", sagte der Händler. „Die Sachverständigen haben Berechnungen angestellt. Man erspart dreiundfünfzig Minuten in der Woche."
„Und was macht man mit diesen dreiundfünfzig Minuten?"
„Man macht damit, was man will..."
„Wenn ich dreiundfünfzig Minuten übrig hätte", sagte der kleine Prinz, „würde ich ganz gemächlich zu einem Brunnen laufen..."

Was kann man mit Zahlen beschreiben, was nicht?

Was kann man messen, was nicht?

Was kann man kaufen, was nicht?

Aus: Antoine de Saint-Exupéry, Der Kleine Prinz.

Inhaltsverzeichnis

Einige Themen dienen der Vertiefung und Ergänzung. Hinweise zur Auswahl im Lehrerband.

Wiederholung und Weiterführung	Größenübersicht	0 – 1
	Schriftliche Addition und Subtraktion, halbschriftliches Rechnen, Säulendiagramm, Rechenbaum	2 – 11
	Sachaufgaben lösen	12 – 15
Orientierung im Millionraum	Das Millionbuch; Ordnen und Darstellen großer Zahlen	16 – 19
	Stellentafel; Zahlenkombinationen	20 – 21
	Zahlenreihe; Zahlen aus Stadt und Land	24 – 27
Geometrie	Zeichnen ohne Absetzen	22
Zahlenmuster	Wie geht es weiter?	23
Größen	Stichproben (Urnen, Verkehrszählung); Zeit (h, min, s)	28 – 29
Rechnen im Millionraum	Halbschriftliche Addition und Subtraktion	30 – 31
	Schriftliche Addition und Subtraktion	32 – 33
Größen	Gewichte (kg, t)	34 – 35
Geometrie	Spiegelbuch – Drehsymmetrie	36 – 37
Rechnen im Millionraum	Halbschriftliche Multiplikation und Division	38 – 41
Mini-Projekt	„Bald ist Weihnachten" (Sachaufgaben, Soma-Würfel)	42 – 43
Schriftliche Multiplikation	Vorbereitung, Einführung; Übungen	44 – 47
Geometrie	Meterquadrate; Kegel, Zylinder, Pyramide	48 – 49
Sachaufgaben lösen	Überlegen und probieren; Sachaufgaben im Kontext	50 – 53
Schriftliche Division	Vorbereitung, Einführung; Übungen	54 – 55
Übung der schriftlichen Verfahren	Schriftliche Addition, Subtraktion und Multiplikation, auch von Kommazahlen	56 – 61
	Schriftliche Division, auch mit Rest und Kommazahlen	64 – 65
Geometrie	Zirkel und Geodreieck	62 – 63
Mini-Projekt	„Bald ist Ostern" (Aufgaben aus der Natur im Frühjahr, Himmelsgeometrie)	66 – 67
Sachaufgaben lösen	Einzelpreis – Gesamtpreis, Bestellungen, Rechnungen, Kredite	68 – 71
Geometrie	Vergrößern und verkleinern, Maßstab	72 – 73
Zahlenmuster	„Ich denke mir eine Zahl", Ungleichungen	74 – 75
Geometrie	Zeichenuhr, regelmäßige Vielecke und Körper (Ecken, Flächen, Kanten)	76 – 77
Übung der schriftlichen Verfahren	Schriftliche Division durch Zehnerzahlen; Grundrechenarten, Vermischte Aufgaben	78 – 81
Zahlenmuster	Rechnen, beschreiben, begründen	82 – 85
Geometrie	Grundbegriffe (lotrecht, waagerecht, parallel, Strecke, Strahl, Gerade)	86 – 87
	Grundriss und Seitenansichten	88 – 89
	Luftbild und Plan von Rothenburg o.d.T.	102
Sachrechnen	Sachaufgaben in Kontexten, Sachtexte, Sachstrukturierte Übungen	90 – 101
Überblick und Ausblick	Brüche	103
	Taschenrechner, Notiz aus der Geschichte	104 – 105
	Über die Million hinaus	106 – 107
	Schöne Formen (Mandalas); Grenzen der Mathematik	108 – 109